U0940287

心灵瑜伽馆

把握自我·安顿心灵

过往不恋，未来不迎

珍惜当下的每一天

李杨 著

天地出版社

图书在版编目（CIP）数据

过往不恋，未来不迎 / 李杨著. —成都：天地出版社，2016.2

ISBN 978-7-5455-1586-2

Ⅰ. ①过… Ⅱ. ①李… Ⅲ. ①人生哲学—通俗读物 Ⅳ. ①B821-49

中国版本图书馆CIP数据核字（2015）第209749号

过往不恋，未来不迎

著　　者　李　杨
责任编辑　郭　淼　沈海霞
封面设计　古涧文化
封面图片　CFP
电脑制作　思想工社
责任印制　李　昆

出版发行　天地出版社
（成都市槐树街2号　邮政编码：610014）
网　　址　http://www.tiandiph.com
http://www.天地出版社.com
电子邮箱　tiandicbs@vip.163.com
经　　销　新华文轩出版传媒股份有限公司

印　　刷　三河市华业印务有限公司
版　　次　2016年2月第1版
印　　次　2016年2月第1次印刷
成品尺寸　165mm×235mm　1/16
印　　张　17
字　　数　250千
定　　价　32.00元
书　　号　ISBN 978-7-5455-1586-2

咨询电话：（028）87734639（总编室）
购书热线：（010）67692522（市场部）

珍惜当下，乐享人生

于丹在《庄子心得》里曾经这样写道：孔子给我们揭示的是一种温暖的情怀和一种朴素的价值，那就是“活在当下”。如果直接去解释说明这个词，似乎很难揭示出其本质内涵，可以借用一个故事来说明：

会元和尚师徒二人赶路，来到一条小河边，见一个年轻貌美的女子想要过河。可是无船也无桥，女子焦急地在岸边来回踱步。会元和尚二话没说，背上那个姑娘就来到了河对岸，然后便若无其事地转身离开了。

小和尚紧跟其后，一直默默不语，心中却是疑惑不已：师父平时总教导我们，出家人要持戒，可为何今天师父却犯了清规？小和尚虽疑惑，但因惧怕师父，一时间也未敢在师父面前表明自己的看法，但心中却因此闷闷不乐。

事隔多日之后，小和尚越想越想不通，于是鼓起勇气来到师父的面前，不满地质问：“师父可记得前几日，您身为出家之人，怎可背着一名年轻女子，破坏佛门规矩！”

会元和尚听后，很是惊讶地看着他：“我背那个姑娘过河，是因为她有难。佛法要我们普度众生，我只当她是众生之中普通的一员，如树如木。过河后，我便把她放下了，没想到你却牢牢记着她，将那位姑娘紧紧地背着，到现在都还没放下来！”

我们是否也如同故事中的小和尚，对已经过去的事情耿耿于怀、念念不忘呢？其实，昨天已经过去，即使昨天发生了再美好的事情，我们也无法让它重新来过，明天还未来到，对目前来说，它还是个未知数，就算你把未来想象得像花儿一样美，那也是以后的事情。只有活在当下，才是最真实的；只有把握住当下，才可以获得幸福。

活在当下，是一种只争朝夕的追求。活在当下，是一种淡定从容的智慧。活在当下是一种生活态度，或者说是一种生活哲学。本书以“活在当下”为中心点，紧抓现代人浮躁的心理状态，剖析人们在当下遇到的苦辣酸甜，指导人们智慧地对待当下的一切，呼吁人们认真地对待当下、快乐地享受当下，从而感受当下生活的快乐与富足，品味多彩的人生。

现在社会愈加现实和残酷，生活亦不容易，我们更要明确自己应该怎么去活，应该怎么让自己不被世俗的压力所束缚，学会放松自己的心境，学会珍惜当下，经营美好的人生。

CONTENTS

目录

CONTENTS

目录

CONTENTS

目录

CONTENTS

目录

CONTENTS

目录

CONTENTS

目录

CONTENTS

目录

我不能说我们生如夏花，活得完美而睿智，
死如秋叶亦离我们非常遥远，
当下最真实的，不过是一种宽宏和原谅，
对自身、他人，以及这个失望和希望并存的世界。

/ 七堇年 /

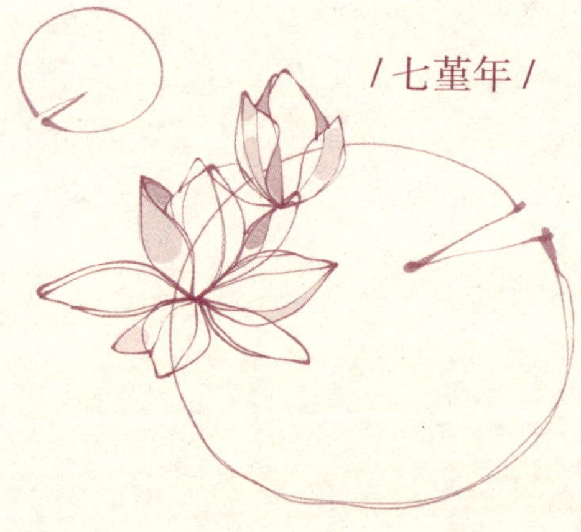

第一章

人生无常，活在当下才是真

昨天是过期作废的支票，已成为历史；明天是无法预支的期票，对目前来说还是个未知数；唯有今天才是可以支配的现金，是生活赐给我们最好的礼物。

谁都无法活在当下之外

有时候，人们会为了过去的事情而伤心不已，以为自己将永远活在过去里。有时候，人们觉得自己现在的努力不过是为了一个美好的未来，自己的希望在未来里，所以自己是为了未来而生活的。其实，这些想法都是错误的。我们活着能够感受到的只有当下，生活中的任何事情都不可能存在于当下之外。过去的感觉虽然可以通过回忆传递到我们的内心，但是它已经过去了，不会再出现在当下的生活中。而未来的事物还不确定，我们也无从把握。所以，我们真正拥有的就是当下的一切，我们能够感知的也只有当下。

有这样一个故事，令人颇有感触：

一位智者旅行时，途经一座古城的废墟。虽然到处都是残垣断壁，但依然能看出它昔日辉煌时的风采。智者想在此地休息一下，就随手搬过一个石雕坐下来。

他望着废墟，想象着这里曾经发生过的故事，不由得感慨万千。忽然，他听到有人说："先生，你感叹什么呀？"他四下里望了望，却没有人。原来声音来自那个石雕，那是一尊“双面神”石雕。他从未见过双面神，就好奇地问：“你为什么会有两副面孔呢？”双面神回答说：“有了两副面孔，我才能一面察看过去，牢牢地吸取曾经的教训；另一面瞻望未来，去憧憬无限美好的明天。”

智者说：“过去的只能是现在的逝去，再也无法留住；而未来又是现在的延续，是你现在无法得到的。你不把现在放在眼里，即使你能对过去了如指掌，对未来洞察先知，又有什么意义呢？”

听了智者的话，双面神不由得痛哭起来：“先生啊，听了你的话，我才明白，我今天落得如此下场的根源。很久以前，我驻守这座城池时，自诩能够一面察看过去，一面瞻望未来，却唯独没有好好把握现在。结果这座城池被敌人攻陷了，所有的辉煌都成了过眼云烟，我也被人们弃于这废墟中了。”

的确，忽略了现在，就等于自讨苦吃。把握住了现在，即把握住了幸福的秘密。如果你总想着昨天和明天，那么“今天”就永远没有成果，等你老去的时候，“昨天”也就会一事无成。

有位哲人说世界上有三种人：第一种人只会回忆过去，在回忆的过程中体验感伤；第二种人只会空想未来，在空想中虚度光阴；只有第三种人注重现在，脚踏实地，慢慢积累，一步一步踏踏实实地走向未来。因此，我们要珍惜当下。要知道，活在当下才是最重要的！

无论身处何地，全然地处于当下

我们可能都遇到过这样的问题：自己过去犯过很严重的错误，因而内心深处受到了很大程度的谴责，可是却不知道应该用什么方法来弥补，也无法从过去的阴影中走出来。看看下面的故事或许你就能找到答案。

在新泽西州市郊的一座小镇上，一个由26个孩子组成的班级被安排在教学楼最里面一间光线昏暗的教室里。这些孩子都有过不光彩的历史：有人吸过毒，有人进过管教所，有一个女孩甚至在一年之内堕过3次胎。家长拿他们没办法，老师和学校也几乎放弃了他们。

后来，一位叫菲拉的女教师担任了这个班的辅导老师。新学年开始的第一天，菲拉没有像以前的老师那样对这些孩子进行一番训斥或给他们一个下马威，而是为大家出了一道题：有3个候选人，他们分别是——

A笃信巫医，有两个情妇，有着多年的吸烟史，而且嗜酒如命。

B曾经两次被赶出办公室，每天要到中午才起床，每晚都要喝大约1公升的白兰地，而且曾经有过吸食鸦片的记录。

C曾是国家的战斗英雄，一直保持素食习惯，热爱艺术，偶尔喝点酒，年轻时从未做过违法的事。

菲拉给孩子们的问题是：

“如果我告诉你们，在这3个人中，有一位会成为众人敬仰的伟人，你们认为会是谁？猜想一下，这3个人将来各自会有什么样的命运？”

对于第一个问题，孩子们都毫不犹豫地选择了C；对于第二个问题，孩子们的结论也几乎一致：A和B将来的命运肯定不妙，他们要么成为罪犯，要么就是成为需要社会照顾的群体；而C一定是一个品德高尚的人，注定会成为社会精英。

然而，菲拉给出的答案却让人大吃一惊：

“孩子们，你们的结论也许符合一般的判断，但事实是，你们都错了。这3个人大家都很熟悉，他们是二战时期的3个著名人物——A是富兰克林·罗斯福，他身残志坚，连任四届美国总统。B是温斯顿·丘吉尔，英国历史上最著名的首相。C的名字大家也很熟悉，他叫阿道夫·希特勒，一个夺去了几千万无辜生命的法西斯元首。”学生们都呆呆地瞅着菲拉，他们简直不相信自己的耳朵。

“孩子们，”菲拉接着说，“你们的人生才刚刚开始，以往的过错和耻辱只能代表过去，并不能代表一个人的一生，每个人都不是完人，连伟人也犯过错。从现在开始，从过去的阴影里走出来吧，努力做自己最想做的事情，你们都将成为了不起的优秀人才……”

菲拉的这番话，改变了26个孩子一生的命运。如今这些孩子都已长大成人，他们有的做了心理医生，有的做了法官，有的做了飞机驾驶员。值得一提的是，当年班里那个个子最矮也最爱捣乱的学生罗伯特·哈里森，后来成了华尔街最年轻的基金经理人。

“原来我们都觉得自己已经无可救药了，是菲拉老师让我们觉醒：过去并不重要，我们还有可以把握的现在和将来。”孩子们长大后这样说。

过去的错误不可能影响我们的一生。如果我们一直带着对过去的愧疚，就无法融入当下的生活，更不会有一个美好的未来。所以，不管我们身处何种境地，都应该全然地融入当下，开始新的生活。

放下无谓的悔恨，别自寻烦恼

当刘翔从北京奥运会赛场上退下来的时候，他说：“下一次我一定会做得很好。”当程菲因为一个动作而出现失误的时候，她说：“下一次我会吸取教训。”尽管因为自己的伤而不能在比赛中坚持下来，但是刘翔没有一直活在悔恨之中，而是鼓足了勇气面对未来的路；尽管练习了多次的动作没能发挥到最好，但是程菲也没有抓住自己过去所犯的错误不放，而是在总结经验后，期待下一次精彩的绽放。

可是，在生活中，有太多的人喜欢抓住自己的错误不放：没能抓住发展的机遇，就一直怨恨自己不具慧眼；因为算错了数据，就一直后悔自己粗心大意；做错事情伤害了别人，就一直沉浸在自责中。人生的很多烦恼都是由于对过去所犯错误的追悔而产生的。在生活中，谁能没有一点“旧伤”？谁能一生了无遗憾？每个人都希望自己所做的事情全部正确，从而达到自己预期的目的，可这只能是一种美好的幻想。人不可能不做错事，不可能不走弯路。做了错事，走了弯路之后，产生谴责自己的情绪是很正常的，这是一种自我反省，是改正错误的前奏。正因为有了这种“积极的谴责”，我们才会在以后的人生之路上走得更好、更稳。但是，如果你一味地揪住过去的错误不放，不及早从阴影中走出来，就无法体会生活的美好。

卓根·朱达是哥本哈根大学的学生。有一年暑假，他去当导游，因为他总是乐于提供许多额外的服务，因此，几个芝加哥来的游客就邀请他去美国观光。旅行路线包括在前往芝加哥的途中到华盛顿特区做一天的游览。卓根抵达华盛顿以后就住进威乐饭店，他在那里的账单已经预付过了。他这时真是乐不可支，外套口袋里放着飞往芝加哥的机票，裤袋里则装着护照和钱。

可是，当他准备就寝时，才发现由于自己的粗心大意，放在口袋里的皮夹不翼而飞了。他立刻跑到前台那里请求帮助。“我们会尽量想办法。”酒店经理说。

这时，卓根的零用钱连两块钱都不到。因为一时的粗心马虎，让自己孤零零一个人待在异国他乡，应该怎么办呢？他越想越生气，越想越懊恼。

这样折腾了一夜之后，他突然对自己说：“不行，我不能再这样一直沉浸在悔恨当中了。我要好好看看华盛顿。说不定我以后没有机会再来，但是现在我仍有宝贵的一天待在这个城市里。好在今天晚上还有机票到芝加哥去，一定有时间解决护照和钱的问题。”

“我跟以前的我还是同一个人，那时我很快乐，现在也应该快乐呀。我不能因为自己犯了一点错误就这样白白地浪费时间，现在正是享受的好时候。”

于是他立刻动身，徒步参观了白宫和国会山，参观了几座大博物馆，还爬到了华盛顿纪念馆的顶端。他去不成原先想去的阿灵顿和许多别的地方，但他到过的地方，他都看得很仔细。

等他回到丹麦以后，这趟美国之旅最使他怀念的却是在华盛顿漫步的那一天——如果他一直抓住丢皮夹的错误不放，那么在华盛顿那宝贵的一天就会白白地溜走。

月亮即使有缺，也依然皎洁。人生即使有憾，也依然美丽。智慧的人不为过去的事情而悔恨，放下过去的错误向前看，才能有更多的收获。人一生当中会犯很多错误，如果每一次都抓住不放，那么我们的人生恐怕只能在懊悔中度过了。很多事情，既然已经无法挽回，就没有必要再去花时间惋惜悔恨了。与其在懊悔中浪费时间，还不如抓紧时间把握当下。

别让“下一刻”剥夺了此刻的生活

艾米是一个可爱的小姑娘。一天，邻居告诉她格林家的牧场有很多草莓可以采摘，并以每夸脱13美分的价格收购。艾米听到这消息高兴坏了，马上回家为采摘做准备。

到了家里，她没有提着篮子出门，却想先算一下采5夸脱草莓可以卖多少钱。于是她拿出一支笔和一块小木板开始算起来，计算结果是65美分。“要是能采12夸脱呢？”她计算着，“那我又能赚多少呢？”“上帝呀！”她得出答案，“我能得到1美元56美分呢。”艾米接着算要是她采了50夸脱、100夸脱、200夸脱，格林先生会给她多少钱。她将时间全都花费在了这些计算上，不知不觉就到了中午吃饭的时间，她只得下午再去采草莓了。

艾米吃过午饭后，急急忙忙地拿起篮子向牧场赶去。而这时大家快把草莓摘光了，可怜的小艾米最终只采到了1夸脱草莓。

这个故事读起来令人发笑，可是笑过之后，又会让人自

省，自己是不是也犯过同样的错误呢?

事例中的小艾米就是一个典型的空想者。空想者总是活在下一个时刻，还没有买彩票，就开始考虑中了五百万以后要如何分配这些钱。他们像极了下面寓言故事里的两兄弟：看见一只大雁飞过，他们便开始争吵，这只大雁究竟是要清炖还是红烧。等他们吵出结果时大雁早就飞走了。忽略现在，生活在下一个时刻，似乎是很多人都会犯的通病。

我们常常不是为昨天的逝去而懊丧，就是为还没有到来的明天而担忧，根本没有时间享受当下的生活。因此，能认真地活在当下反而成了一种愿望。其实，要实现这个愿望并不困难。我们必须摆脱对“下一刻”的迷恋和幻想，“下一刻”的事大多不切实际，不要让“下一刻”剥夺了我们此刻的生活。

所以，我们不要一边吃饭一边想着办公室中的工作，不要一边工作又一边担心下班会不会塞车。在当下，有很多美好的东西值得我们去珍惜。我们可以为每一天的日出欣喜不已，我们可以分享与家人、朋友相处时的甜蜜，我们可以学会与自然和谐共处，去聆听海浪之声，去仰望璀璨的星空。

抛开过去，昨天的总要在今天归零

一老一少两个和尚出门化斋，经过一条湍急的河流，见一年轻女子踌躇不前，便问其原因。女子答道："小小女子，过不了大河，还望两位大师相助。"

小和尚看了看年长的和尚，露出为难之色，当他正想开口说点什么的时候，老和尚已经背起了年轻女子向河中走去。没多久，老和尚就将女子背到了河对岸。等女子缓缓走远后，小和尚也上了岸。

老和尚看到小和尚一脸凝重，便笑道："佛家要普度众生，我只当她是众生之中普通的一员，那个女子已经走远了，你怎么还想着刚才的事情？"小和尚红着脸，不知说些什么才好。老和尚准备去河边洗把脸，将手中的钵递给小和尚，让他拿着。当小和尚接过钵时，突然惊叫一声，老和尚转身问道："怎么了？"小和尚红着脸不敢出声。原来刚才在拿钵的时候，小和尚的手颤抖了一下，差点将钵打碎。

人已走远，事已过去，老和尚便不再去想，而小和尚却久久不忘老和尚背女子过河一事，以至于在替老和尚拿钵的时候都不能专心。

对于过去发生的事情，我们无能为力。至于未来，它还没有到来，我们对于它的一切不过是想象。只有当下，才是最真实的。只有把握住当下，才可以获得幸福。

曾任英国首相的劳合·乔治有一个习惯——随手关上身后的门。有一天，乔治和朋友在院子里散步，他们每经过一扇门，乔治总是随手把门关上。

“你为什么每次都要关上这些门呢？”朋友很是纳闷。

“这对我来说是很必要的。”乔治微笑着说，“我这一生都在关我身后的门。你知道，这是必须做的事。关上身后的门，也就意味着将过去的一切都关在了门外，不管是辉煌的成就，还是不太美妙的回忆。然后，又可以重新开始。”朋友听后，对乔治的智慧很是佩服。

我们难免会经历一些风吹雨打，心中难免会留下一些痛苦的回忆。我们需要总结昨天的失误，但不能对失误耿耿于怀。伤感也罢，悔恨也罢，都不能改变过去，不能使我们更聪明、更完美。如果我们总是背着沉重的包袱，为逝去的流年感伤不已，那只会白白耗费眼前的大好时光，也就等于放弃了现在和未来。因此，抛开过去，让昨天在今天全部归零，我们才能整装待发，快乐出行。

随时都可以做出改变

这个世界上不会有人一生都毫无转机，穷人可能会成为富人，富人也可能沦为穷人。富有或贫穷，胜利或失败，光荣或耻辱，所有的改变都可能会在一瞬间发生。

CNN的老板特德·特纳，年轻时是一个典型的花花公子，从不安分守己，他曾两次被布朗大学除名。他的父亲也拿他没办法。

后来，他的父亲因企业债务问题而自杀，他因此受到了很大的触动。他想到父亲含辛茹苦地为家庭打拼，他却在胡作非为，不仅不能帮助父亲，反而为父亲添了无数麻烦。他决定改变自己的行为，把父亲留给自己的公司打理好。

从此，他像变了一个人似的，成了一个工作狂，而且不断寻找机会，壮大父亲遗留的企业，最终将CNN从一个小企业变成了世界级的大公司。

其实，人的改变就在一瞬间，只要我们思想上有了一种强

烈的要改变的意识，就能做出改变。一瞬间的改变可以成就一个人的一生，也可以毁灭一个人的一生，所以，我们不能忽视一瞬间的力量。

鲁迅认为中国落后是因为中国人的体格不行，被称为东亚病夫，于是他去日本学习医学。但一次在课间看电影的时候，他看到日本军人挥刀砍杀中国人，而围观的中国人却一脸的麻木，当时其他的日本同学大声地议论：“只要看中国人的样子，就可以断定中国必然灭亡。”

鲁迅思想上顿时发生了改变。他说：“因此我觉得医学并非一件紧要事，凡是愚弱的国民，即使体格如何健全，如何茁壮，也只能做毫无意义的示众的材料和看客，病死多少是不必以为不幸的，所以我的第一要素是在改变他们的精神，而善于改变精神的是，我那时以为当然要推文艺，于是想提倡文艺运动了。”

从此，鲁迅决定弃医从文，以笔为枪，去唤醒沉睡中的中国，中国也因此多了一位伟大的思想家和文学家。

禅宗讲求开悟，认为得道在于顿悟，在于一刹那的开悟。其实人生也是这样，人的想法也能在一瞬间的触动卜改变。当我们改变后，我们就能洞察生命的本性，就能将蕴藏的潜能充分发挥出来。

摆脱
心理时间

生活中，做一件事所花费的实际时间，我们称之为钟表时间。但是在一件事已经被解决或者尚未被解决的时候，我们容易产生一种心理时间，即对过去的深切怀念和对未来的过度憧憬。

然而，不管心理时间定格在过去还是未来，都不利于我们对现在的把握。因为昨天只是一种记忆，随着时间的流逝，这种记忆会逐渐被淡忘；明天只是一种虚幻，过度的想象只会增加莫名的痛苦。

人的一生最有害的两种情绪莫过于为往事悔恨和为未来担忧。如果你被这两种情绪所困扰，那你无异于生活在乌托邦之中。这两种情绪不会帮你改变过去与未来，却会使你陷入惰性与悲观的泥潭，从而无法把握现在。

我们的身体和心灵都存在于现在，也只能为现在而存在，为什么要去浪费时间回顾往事、忧虑未来呢？实际上，过去的事情不论多么值得留恋或是多么需要悔恨，那只是毫无意义的心理反应。“过去”已经过去了，已经不存在了，而未来尚未到来，也是不存在的。人生就像登高爬山，爬在中途的时候，不必往下看，也不要往上看。因为你不大可能看到顶峰，何必要为看不清楚的未来费神费力，分散注意力呢？

有一个国王，常为过去的错误而悔恨，为将来的前途而担忧，整日郁郁寡欢。于是他派大臣四处去寻找一个快乐的人，并把这个快乐的人带回王宫。大臣寻找了好几年，有一天，当他走进一个贫穷的村落时，听到一个快乐的人在放声歌唱。寻着歌声，他找到了正在田间犁地的农夫。

大臣问农夫："你快乐吗？"

农夫回答："我没有一天不快乐。"

大臣喜出望外地把自己的使命和意图告诉了农夫。农夫不禁大笑起来，说道："我曾因为没有鞋子而沮丧，直到有一天我在街上遇到了一个没脚的人。"

快乐是什么？快乐就是珍惜你现在拥有的一切。快乐就是如此简单。

美国诗人朗费罗说："不要老叹息过去，它是不再回来的。要明智地改善现在。"过去的已经过去，不再属于我们，为什么不好好地把握现在呢？

当然，也有将心理时间定格在未来的人，他们会为将来牺牲现在。如果抱着这种态度生活，那就意味着没有现在，只有未来。因为我们所指望的将来的那一天一旦到来，也就成为那时的现在，而那时的现在又要为那时的将来做准备。如此明日复明日，现在为将来，幸福岂不是永远可望而不可即吗？

寄希望于未来，如果作为学习和工作上的奋斗目标，期望生活改善，事业有成，这并没有错。人应该生活在希望之中，从消沉的情绪中解脱出来，抓住现在的时光，脚踏实地地努力，而不是回避现实去空想未来。

由此可见，不论是过去还是未来，都不是我们人生的主旋律。我们只有摆脱心理时间，生活在此时此刻，才能更好地把握人生。

未来不迎，过往不恋，
当下的每一个瞬间，就是生命的唯一瞬间。
活好了当下，就活好了一生。

/ 苏辛 /

第二章

甩掉心灵的负累，享受当下的人生

生活本身就是一份责任和承担，是绝不轻松的，如果再加上不必要的心理负担，生活的压力就会更大了。因此，我们要甩掉心灵的负累，轻松简单地面对生活。

将苦楚掩埋在微笑之下

命运会带给我们很多苦楚，可是如果我们保持乐观的心态，那么即便有再多的苦楚，我们也能将其掩埋在微笑之下。

钟爱东，百亩鱼塘的主人，被评为广东省“巾帼科技兴农带头人”。从一名普通的下岗女工到身价千万的养殖大王，不惑之年的钟爱东依然勤劳淳朴。事业几经起落，她说，横下一条心，没有过不去的坎儿。

1997年1月1日，这是钟爱东不能忘却的日子。这一天，本以为捧上“铁饭碗”的她下岗了。在这家工厂工作了近20年，还成了厂里的“一把手”。钟爱东把全部的心血、最好的青春年华都贡献给了工厂，甚至没有时间照顾年幼的孩子。“当时觉得，心里有什么东西被人硬掰了下来。”钟爱东说。那天，她哭了。

下岗后，她接到的第一个电话是花都区妇联打来的。她说，就是这个电话，在她最艰难的时候教会她“用笑容去迎接困难”。钟爱东在当厂长的时候就经常与周围的农民接触，知道养殖水产有赚头。看准这一点，她拿出了仅有的2000元“箱底钱”，又东奔西走借了些款，一咬牙承包了200亩低洼田。资金不够，她就赚一分投入一分，滚动式周转。几个月下来，钟爱东天天“泡”鱼塘、搞技术，200亩低洼田变成了水产养殖地。钟爱东说，那时鱼塘就是她全部的生活了。她每天早上都要花一个小时绕鱼塘走上一圈。

钟爱东没想到，生活中的第二次打击来得这么快。1997年5月8日，是钟爱东伤心的日子。那一天，一场大水淹没了她刚刚建好的鱼塘。站在堤坝上，看着不断上涨的洪水一点点吞没了鱼塘，钟爱东绝望地回了家。“从哪里跌倒就从哪里爬起来。”钟爱东说，这是当时丈夫说的唯一的一句话。倔强的钟爱东这次没有流泪，她开始带着工人挖塘、养苗，引进新技术、新鱼种，被洪水淹没的鱼塘一点点“回来”了。

钟爱东成了远近闻名的“鱼王”，生意越做越大，她自己还开了一家公司。多年的艰难经营，“养鱼为生”的钟爱东对技术情有独钟。她说，一个没有创新、没有新产品的企业，就像离开水的鱼。

钟爱东有个温暖的四口之家，在最困难的时候，家人的支持成了她的精神支柱。她说：“当初好多次想放弃，是他们帮我挺过了难关。”屡经磨难，钟爱东说，最重要的是要学会如何看待失败，遇到任何困难都不用怕，路是自己走出来的，认定目标走下去，一定会成功。

生命，有起有落，有悲有喜，起伏不定，但是太阳却依然光亮，月亮仍然美丽，星星依旧闪烁……一切仍旧是那么和谐，生活中依然会有很多美好的东西等待我们去发现。明天，总是充满希望的，只要我们有心，在困境中咬紧牙关，就能够在痛苦中盼来欢乐。

善待生命中的每一分钟

非洲有一个部落，婴儿刚生下来就“获得”60岁的寿命。从60岁算起，随着婴儿长大，以后逐年递减，直到0岁。人生大事都得在这60年内完成，此后的岁月只需要颐养天年了。

好独特的计岁方法，人生不过是我们从上苍手中“借来”的一段岁月而已，过一年“还”一岁，直至生命终止。可惜我们常会产生这样一种错觉：日子长着呢！于是，我们懒惰，我们懈怠，我们怯懦……无论做错什么，我们都可以原谅自己，因为来日方长，觉得不管什么事放到明天再做也不迟。

终有一日，当死亡的阴影笼罩我们时，我们才悚然而惊：糟了，总以为日子还长着呢，怎么死亡说来就来了。那些未尽的责任怎么办？那些未了的心愿怎么办？那些未实现的诺言怎么办……可面对死亡通知书，人们只能踏上那条不归路。追悔也罢，遗憾也罢，早已写好的结局无人能够更改。面对即将降临的死神，也许人们会在迷迷糊糊中想起“譬如朝露，去日苦多”的感叹，想起“少壮不努力，老大徒伤悲”的教诲，可一切都悔之晚矣。

生命既然是“借来”的一段光阴，当然是过一天少一天了。而面对自己日渐减少的寿命，谁又能无动于衷呢？那个倒着计岁的非洲部落，他们的人生智慧真是令人惊叹。

有人算过这样一笔账：假如一个人能活70岁，每天睡觉8小时，那么70年会睡掉204400小时，合8517天，为23年零4个月，那么，这个人还剩下46年零8个月的时间。此外，闲聊、看病等时间，再加上退休后不工作的时间，约合36年零2个月。如此算来，一个人活到70岁，自己只有10年零6个月的时间可以用来做些事，更何况并不是人人都能活到70岁。

由此看来，我们能真正拥有的时间寥寥无几。树枯了，有再青的机会，花谢了，有再开的时候，燕子去了，有再回来的时刻。然而，时间一旦逝去，就难以挽回了。因此，时间对于我们每一个人来说都是最宝贵的财富，要珍惜时间，爱护生命，利用好生命中的每分每秒。

世上没有什么事情是值得忧虑的

人人都会有忧虑的时候，但如果是毫无原因的忧虑，或虽有原因，但不能自控的忧虑，使人整天心事重重、愁眉苦脸，就属于过度忧虑了。如果你不能及时调整自己，一味地忧虑下去，那你就只是在折磨自己，而事情却不会发生任何的改变。

妻子不停地劝慰着在床上翻来覆去、折腾了足有几百次的丈夫："睡吧，别再胡思乱想了。"

"老婆啊，"丈夫说，"几个月前，我借了一笔钱，明天就到还钱的日子了。可你知道，咱家哪儿有钱啊！你也知道，借给我钱的那些邻居们比蝎子还毒，我要是还不上钱，他们能饶得了我吗？我能睡得着吗？"他接着又在床上继续翻来覆去。

妻子试图劝他，让他宽心："睡吧，等到明天，总会有办法的，我们说不定能弄到钱还债的。"

"不行啊，一点儿办法都没有！"

最后，妻子忍耐不住了，她爬上房顶，对着邻居家高声喊道："你们知道，我丈夫欠你们的债明天就要到期了。现在我告诉你们：我丈夫明天没有钱还债！”她跑回卧室，对丈夫说：“这回睡不着觉的不是你，而是他们了。”

凌晨三四点的时候，你是否还在因忧虑而失眠，似乎全世界的重担都压在你肩膀上：到哪里去找一间合适的房子？到哪儿找一份好一点的工作？怎样可以使那个啰嗦的主管对你有好印象？孩子们的学费怎么办？……其实，只要你采取一个简单的步骤，深呼吸，轻轻闭上眼睛，告诉自己“不要怕”，那么你的烦恼将会减轻很多。

仔细想想“不要怕”这有魔力的字眼，不要让你的心仍彷徨在恐惧和烦恼之中。忧虑是一种消极而无益的负面情绪，如果你是在为毫无实际意义的事而浪费自己宝贵的时光，那么你就必须阻止自己的忧虑。

请记住，世上没有什么事情是值得忧虑的。你可以让自己的一生在对未来的忧虑中度过，然而无论你多么忧虑，甚至忧虑而死，你也无法改变现实。

不要心急，直面当下的失败

生活中，很多人害怕面对失败，所以，他们在失败的结果还没有出现以前，就先放弃了努力。这样的人注定会一事无成。世界上那些成功人士都是在经历过无数次的失败后，重新开始拼搏才获得最后的胜利的。

1510年，帕里斯出生在法国南部，他一直从事玻璃制造业，直到有一天看到一只精美绝伦的意大利彩陶茶杯。从此，他的命运改变了。

“我一定要造出这样美丽的彩陶。”这是他当时唯一的想法。他建起烤炉，买来陶罐，打成碎片，开始摸索着进行烧制。

几年下来，碎陶片堆得像小山一样，可他理想的彩陶却仍不见踪影。后来，他无米下锅了，只得回去重操旧业，挣钱来生活。

他赚了一笔钱后，又烧了三年，碎陶片又在烤炉旁堆成了山，可仍然没有结果。连续几年，他挣钱买燃料和其他材料，不断地试验，都没有成功。

多次的失败使人们对他议论纷纷，都说他愚蠢，是个大傻瓜，连家里人也开始埋怨他。但他只是默默地承受。

试验又开始了，他十多天没有脱衣服，日夜守在炉旁。燃料不够了，他拆了院子里的木栅栏，怎么也不能让火停下来呀！又不够了！他搬出了家具，劈开，扔进炉子里。还是不够，他又开始拆屋子里的板。噼噼啪啪的爆裂声和妻子儿女们的哭声，让人听了鼻子都是酸酸的。马上就可以出炉了，多年的心血就要有回报了，可就在这时，只听炉内“嘭”的一声，不知是什么爆裂了。所有的产品都沾染上了黑点，全成了次品。

这次又失败了！帕里斯受到了巨大的打击，他独自一人到田野里漫无目的地走着。不知走了多长时间，美丽的大自然终于使他的内心恢复了平静，他又开始了下一次试验。

经过16年无数次的试验，他终于成功了，而这一刻，他却非常平静。他的作品成了稀世珍宝，价值连城，艺术家们争相收藏。他烧制的彩陶瓦，至今仍在法国的卢浮宫顶上闪耀着光芒。

帕里斯的成功之路是艰辛而漫长的，他的成功来得何等不易。在一次又一次的失败中一次又一次地重新站起来，这正是帕里斯成功的原因所在。

成功人士不会轻易放弃，即使是面对失败的结果，也会把它当做是学习和积累经验的机会。有人认为失败一无是处，只会给人生带来黑暗。其实恰恰相反，每一次失败可以让人们从中学到很多东西，吸取教训，重新回到通往成功的道路上来。

失败是不可避免的，甚至是必要的。失败表示你愿意尝试和冒险，它表明你正在努力做事。你从失败中积累的经验越多，你成功的机会就越大。

西奥多·罗斯福说：“最好的事情是敢于尝试所有可能的事，经历了一次次的失败后赢得荣誉和胜利。这远比与那些可怜的人们为伍好得多，那些人既没有享受过多少成功的喜悦，也没有体验过失败的痛苦，因为他们的生活暗淡无光，不知道什么是胜利，什么是失败。”在这个世界上，有阳光，就必定有乌云；有晴天，就必定有风雨。从乌云中挣脱出来的阳光才能更加灿烂，经历过风雨洗礼的天空才能更加湛蓝。人们都希望自己的生活如丝顺滑、如水平静，可是命运却偏要给予人们波折坎坷。困难和坎坷是生命的馈赠，能使人更清醒、更成熟、更完美。

所以，不要轻易放弃，更不要害怕失败。在失败面前，只有永不言弃的人才能傲然面对一切，才能最终取得成功。

经历过不幸，才会懂得坚强

当失败或挫折到来的时候，人们很容易产生万念俱灰的沮丧情绪。但这时正是人们跟命运抗挣的时候，即使是受了打击也不能消沉，因为一旦失去了信心和勇气，就只能成为失败者了。要勇敢地面对失败，要做命运的强者。

其实，乐观自信的人即使是面临困境，也能从中找到对自己有利的地方。

莲娜有一个悲惨的童年，10岁时母亲因病去世。父亲是一个长途汽车司机，经常不在家。因此，莲娜自从母亲过世以后，就必须自己洗衣做饭，照顾自己。

然而，上天对她并没有特别关照。在她17岁那年，父亲在工作中因车祸不幸丧生。从此莲娜再也没有亲人能够依靠了。

可是，噩梦还没有结束。在莲娜走出悲伤，开始独立养活自己之时，却在一次工程事故中，失去了左腿。

然而，一连串的意外与不幸，反而让莲娜养成了坚韧的性格。她独立面对随之而来的种种困难，也学会了使用拐杖，即使不小心跌倒，她也不愿伸手请求人们帮忙。

后来，她将所有的积蓄拿出来，开了一个养殖场。但上天似乎存心和她过不去。一场突如其来的大水，将她的最后一丝希望——养殖场都夺走了！

莲娜终于忍无可忍了，她气愤地来到神殿前，怒气冲冲地责问上帝：“你为什么对我这么不公平？”

上帝听到责骂，平静地反问：“哪里不公平呢？”

莲娜将她的不幸，一五一十地仔细说给上帝听。

上帝听完了莲娜的遭遇后，又问：“原来是这样啊！的确很凄惨，那么，你为什么还要活下去呢？”

莲娜听到上帝这么嘲讽她，气得颤抖地说：“我不会死的！我经历了这么多不幸的事，已经没有什么能让我感到害怕。总有一天我会靠着自己的力量，创造自己的幸福！”

上帝这时转身朝向另一个方向，“你看！”他对莲娜说，“这个人生前比你幸运得多，他可以说是一路顺风地走到生命的终点。不过，他最后一次的遭遇却和你一样。在那场洪水里，他也失去了所有的财富。不同的是，他之后便绝望地选择了自杀，而你却坚强地活了下来！”

正是悲惨的生活成就了莲娜的坚强，所以生活的磨难并不只会带给我们伤痛，它是在用另一种方式来培育我们的精神。

在弱者的心里，不幸无疑会划下不可磨灭的痕迹，然而若能正确地、欣然地接受它，它就能发挥出巨大的积极作用。因为没有经历过苦楚的人，内心就不会变得坚韧，就承受不了打击。只有经历过不幸的人，才能在重压之下变得更加坚强、更加勇敢。

学会接受不可更改的事实

很多时候，我们都喜欢设想：假如自己出生在富裕的家庭多好，假如自己长得漂亮一点、身材再高挑一些多好，假如当初报了另一所大学多好，假如那个人不出现在错误的时间多好……如果这些设想都能够成为实现，那么这个世界一定会变得更加美好，至少我们会这样认为。

遗憾的是，人生不过是一张单程车票，所有经历过的都成为不可更改的历史。所有愉快的、悲伤的体验，无论你愿意接受还是不愿意接受，都会成为不可更改的事实。

一天，一位很有名气的心理学教师给学生上课时，拿出一只十分精美的咖啡杯。当学生们正在赞美这只杯子的独特造型时，教师故意装作失手的样子，咖啡杯掉在水泥地上摔成了碎片，学生中发出了一阵惋惜声。

这时，教师指着咖啡杯的碎片说：“你们一定对这只杯子感到惋惜，可是这种惋惜也无法使咖啡杯再恢复原形。今后在你们的生活中如果发生了无可挽回的事情时，请记住这只破碎的咖啡杯。”

这是一堂很成功的心理教育课，学生通过摔碎的咖啡杯懂得了：人在无法改变失败和不幸的厄运时，就要学会接受它，适应它。

在现代社会中，竞争日益激烈，让人懊悔的、不可更改的事随时都会发生。这个时候，我们又该如何去应对呢？

最好的办法就是接受已经发生的、不可改变的现实，不要抱怨上天的不公，也不要抱怨命运的坎坷。很多成功的人，之所以能取得卓越的成就，并不是因为上天多么青睐他们，而是因为他们勇于接受无法改变的事实，并在此基础上奋发图强。

在寒冷的冬天，很多人会幻想春的温暖。这本无可厚非，但若是沉溺在幻想中，这些幻想就会成为我们心灵的枷锁，让我们学会逃避，不敢面对事实。我们要学会接受既成的事实，不和过去的事情较劲。这样我们才有精力去“改变”不尽如人意的命运。

鲁迅说过：“真的猛士，敢于直面惨淡的人生，敢于正视淋漓的鲜血。”那么，就让我们做一个真正的猛士和勇者，直面生活中的一切不如意吧。

第三章

掌控当下的情绪，别让负能量害了你

有人说，征服自己的不良情绪，就能征服一切。喜怒哀乐是人之常情，想让生活中不出现一点儿烦心的事，几乎是不可能的，关键在于如何有效地调整，学会控制自己的情绪，做生活的主人，做自己情绪的主人。

发脾气使别人遭殃，也会使自己受伤

如果我们的心中存在不满，就总想找地方发泄出去，最为直接的方式就是发脾气。很多人认为，发脾气是最好的发泄方式，因为如果事情一直憋在心里，很容易憋出病来。宣泄出去了，就得到了放松，情绪上也会趋向平稳。

其实，这样的说法是错误的。因为人们都是相互影响的，一个人的怒火在发脾气时得到了释放，那么必定会有其他人受到影响。如果每个人都选择用发脾气的方式来宣泄自己，那么这个世界恐怕再无和平与安宁了。

心理学上有一个“踢猫效应”的故事：

一家公司老板因急于赶时间去公司，结果闯了两个红灯，被警察扣了驾驶执照。他感到十分沮丧和愤怒，他抱怨说：“今天可真倒霉！”

到了办公室，他把秘书叫进来问道：“我给你的那五封信打好了没有？”秘书回答说：“还没有。我……”

老板立刻火冒三丈，指责秘书说：“不要找任何借口！

我要你赶快打好这些信。如果你办不到，我就交给别人。虽然你在这儿干了3年，但并不表示你将终生受雇！”

秘书用力关上老板的门，抱怨说：“真是糟透了！3年来，我一直尽力做好这份工作，经常加班加点。现在就因为我无法同时做好两件事，就恐吓要辞退我。岂有此理！”

秘书回家后仍然在发怒。她进了屋，看到8岁的孩子正躺着看电视，短裤上破了一个大洞。在极其愤怒之下，她嚷道：“我告诉你多少次了，放学回家不要去瞎疯，你就是不听。现在你给我回房间去，晚饭也别吃了。以后3个星期内不准你看电视！”

8岁的儿子一边走出客厅一边说：“真是莫名其妙！妈妈也不给我机会解释到底发生了什么事，就冲我发火。”就在这时，一只猫走到小孩跟前。孩子狠狠地踢了猫一脚，骂道：“给我滚出去！你这只该死的臭猫！”

从这个故事中我们看出：本来是一个人的愤怒，可是经过了多番的传递，最后竟然转嫁到了猫的身上。这只猫无法像人类一样发泄自己的不满，否则这样的情绪传递估计就没有尽头了。所以，面对自己的不良情绪，要尽可能地想办法控制，而不是直接发泄出去。

当然，这里说的“控制”，不是说让你有什么事情都不说，有什么委屈都不去反抗，而是将大事化小，小事化无。试想，如果别人不小心踩了自己一脚，或者等公车的时候被别人撞到了头，就觉得受到了莫大的委屈，就要大发脾气，那不是太小题大做了吗？

既然每个人都能影响别人并受别人影响，那么我们何不浇灭心中的怒火，给自己和别人一片安宁呢。这样，我们从别人那里得到的，也将是一片安宁。

学会控制，不做易燃的“火药桶”

凡事不要发火，不要记恨。

当我们心怀不平的时候，一定要把火气压下去。即便你认为你自己发火的理由很充分，但是这并不是解决问题的最好方法。

罗斯福深得子女的爱戴，这是众所周知的。有一次，罗斯福的一位老友垂头丧气地来找罗斯福，说他的小儿子居然离家出走，到姑母家去住了。这位父亲把小儿子说得一无是处，又指责他跟每个人都相处不好。

几天后，罗斯福无意中碰到那个男孩，就对他说：“我听说你离家出走，是怎么回事？”男孩回答：“是这样的，上校，每次我有事找爸爸，他都会发火。他从不给我机会让我讲完，反正我从来没有对过，我永远都是错的。”

罗斯福说：“孩子，你现在也许不会相信，不过，你父亲才是你最好的朋友。对他来说，你是这世上最重要的人。”

“也许吧！上校，不过我真的希望他能用另一种方式来表达。”

接着罗斯福去告诉那位老友他儿子的想法，发现老友果然正如其儿子所形容的那样暴跳如雷。于是，罗斯福说：“你看！如果你跟儿子说话就像刚才那样，我不奇怪他要离家出走，我还觉得奇怪他怎么现在才出走呢？你真是应该跟他好好谈一谈，心平气和地跟他沟通才是。”

在处理问题的时候，如果不能冷静地分析问题，提出解决问题的办法，而仅仅用呵斥和责骂来表达你的情绪，那么你很可能会招致别人的不满。尽管当时别人可能没有表达对你的不满，可是时间久了，别人对你的反感会与日俱增。

愤怒常常会让人失去理智。如果我们长期被愤怒的情绪所控制，不仅会损伤我们的身体，还可能让我们变得急躁、粗暴，让我们的生活失去平和的氛围，人际关系也会变得一团糟。

试想，如果一个人总是粗暴地对待别人，经常嫉恨别人，那么谁还会愿意跟他相处呢？因此，我们要学会控制自己的火气，别因为一时的冲动将自己打入恶人的行列。

抵制心灵“流感”——抑郁

抑郁是禁锢人们心灵的枷锁，它困扰着人们，让人们在现实的世界中不能很好地调适自我，从而渐渐地退缩到自己的小天地里封闭自己。

佳佳是家中的独生女，父母都是知识分子，对她抱有极高的期望。因此，佳佳从小受到的教育就比别人多，智力开发也比别人早，她的学习成绩一直很好，每次考试都是优秀。

但是，这次期中考试时，佳佳患了重感冒。由于身体不适，精神不振，再加上心情紧张，佳佳有一科没考好，受此影响，后面的其他科考试成绩也不好。尽管成绩不理想，但是爸爸妈妈没有责怪她，反而鼓励她，但她仍然不开心。从那之后，佳佳开始变得沉默寡言、闷闷不乐，有时候她会表现出精神不振、没睡醒的样子，在家学习时也打不起精神。妈妈还发现，自那之后，佳佳的饭量明显比以前减少了。

这几天，佳佳总说自己不舒服，不想去上学。妈妈要带她去医院，她也显得很不耐烦，不肯去。妈妈没办法，只好帮她向老师请了假。在家里，佳佳也只是闷在自己的小房间里，只有吃饭的时候才出来。

妈妈看到佳佳这个样子很心疼，于是给班主任老师打了个电话，询问佳佳最近的情况。老师告诉妈妈，自从期中考试之后，佳佳就像是变了个人似的，整天沉默寡言、闷闷不乐的，下课也不和同学们一起玩耍，上课的时候还经常走神，学习成绩也开始下降。

佳佳的表现表明她陷入了抑郁的情绪中。在日常生活中，人们难免有不开心的时候，比如考试没考好，失去了亲人，做错了事情，遭到了别人的批评，或者与朋友产生了矛盾，这时人们往往会感到失落、无助、自责或内疚，进而情绪低落，这就是抑郁的表现。

抑郁比悲伤、痛苦、羞愧、自责等任何一种单一的负面情绪更为强烈和持久，给人带来的影响也更严重。

抑郁是一种较为普遍的负面情绪，可以说人的一生总有某段或长或短的时间生活在抑郁之中。处于抑郁状态的人，如果能进行自我调节，积极面对生活，接受悲伤的现实，就有可能克服抑郁情绪，重新适应环境，恢复正常的生活。

遗憾的是，许多人并没有意识到抑郁的危害，心情抑郁时，不能积极调整心态，长期（一般在3个月以上）笼罩在抑郁的阴影下，丧失了正常生活的能力，以致最后患上了抑郁症。

近年来，医学研究发现，抑郁症是最常见的心理疾病，在全世界的发病率约为11%。有人把抑郁症称为“心灵的感冒”，从其高发病率和发生的不可预测性来说，这个比喻还算贴切，但是从危害来看，抑郁症比感冒要严重得多，需要引起人们更多的关注。

研究发现，大约有12%的人在一生中会患上比较严重的抑郁症。在总统竞选失败以后，老布什曾经得了两个月的抑郁症；在与莱温斯基桃色新闻被传得沸沸扬扬的日子里，克林顿靠服用“百忧解”度过精神的危机……不管是小职员，还是成功人士，面对抑郁症的侵袭都毫无抵抗力。所以，对于抑郁症，我们要打起十二分的精神来。

那么怎样才能调节抑郁的心理呢？有以下几种方法：

1. 转移注意力

当令人扫兴、生气、苦闷和悲哀的事情发生时，可暂时回避一下，努力把不快的情绪转移出去。例如，换一个房间，换一个聊天对象，换一下手头的事情，约会一个朋友或上街去看看热闹等。

2. 向人倾诉

把心中的苦处和盘倒给知心朋友，一吐为快之后心胸自然会打开。即使面对不是很知心的朋友，学会把心中的委屈适度地倾诉出来，也常能让心境由阴转晴。

3. 亲近宠物

遇到不如意的事时，主动与宠物亲近一下。小宠物与主人感情深厚，肯定能给主人带来欢乐，与小宠物交流几句便可使人焦躁的心很快平静下来。

4. 多舍少求

俗话说，“知足者常乐”。总是抱怨自己吃亏的人，很难快乐起来。多奉献少索取的人，总是能够心胸坦荡、笑口常开。

用理智浇灭愤怒的火焰

有些人不能控制自己的脾气，经常为了生活中大大小小的事情愤愤不平或勃然大怒。愤怒是由于对客观现实某些方面的不满而产生的。比如在遭到失败、遇到不平、个人自由受限制、言论遭人反对、无端受人侮辱、隐私被人揭穿、上当受骗等情形下，人们都会产生愤怒情绪。表面看起来发怒是由于自己的利益受到侵害或者被人攻击和排斥而做出的一种反应，实际上，愤怒是困扰心灵、伤害自我的一种不良情绪。

愤怒会让人变得躁动不安，失去原有的平静，并导致情绪失控，这是心灵的一种自戕。

皮索恩是一个品德高尚、受人尊敬的军事领袖。一次，一个士兵外出侦察回来，没能说清楚跟他一起去的另一个士兵的下落。皮索恩愤怒极了，当即决定处死这个士兵。就在这个士兵被带到绞刑架前时，失踪的士兵回来了。但结果出人意料：皮索恩由于羞愧更加暴怒，处死了3个人。

在皮索恩这位军事领袖的身上，表现出了愤怒摧毁理智的一面。而理智正是心灵的高贵所在，如果人们任由心灵自我伤害而不进行干预，就很可能酿成更严重的后果。

正如思想家亚历山大·蒲柏所说："愤怒是由于别人的过错而惩罚自己。"文学家托尔斯泰也说："愤怒对别人有害，但愤怒时受害最深的乃是生气者本人。"

我们愤怒于别人的言行，让愤怒占据了大部分的心灵空间，从而导致心灵超载，不仅不能得到任何形式的提升，反而在愤怒情绪的支配下丧失理智。结果，让我们愤怒的人与事依然存在，他们丝毫没有受到影响；结果，因为愤怒，我们无法专注于眼前的工作，不能很好地履行自己的职责；结果，我们只顾着愤怒，而无暇体验生命中的美好。

折磨我们的是自己的愤怒情绪，而非别人的一些令人愤怒的行为。控制自己的愤怒情绪，从而避免让心灵受到伤害，这是我们完全能够做到的。

有一位得道高僧曾在山中修行达三十年之久。他平静淡泊、兴趣高雅，不但喜欢参禅悟道，而且也喜爱花草树木，尤其喜爱兰花。他在家中的前庭后院栽满了各种各样的兰花。这些兰花来自四面八方，全是年复一年地积聚所得。

大家都说，兰花就是高僧的命根子。

这天，高僧有事要下山去，临行前当然忘不了嘱托弟子照看他的兰花，弟子也乐得其事。上午，弟子认认真真一盆一盆地给兰花浇水。最后轮到那盆兰花中的珍品——君子兰，弟子更加小心翼翼，这可是师父的最爱啊！他也许是浇了一上午有些累了，越是小心翼翼，手就越不听使唤，水壶滑下来砸在了花盆上，连花盆架也碰倒了，整盆兰花都摔在了地上。这回可把弟子给吓坏了，愣在那里不知该怎么办才好，心想：师父回来看到这番景象，肯定会大发雷霆！他越想越害怕。

下午师父回来了，他知道了这件事后一点儿也没生气，而是平心静气地对弟子说："我栽种兰花是为了修身养性，并不是为了生气，若为此而动怒岂不有违我的初衷。”

弟子听了师父的话，不仅放心了，也明白了。

不管经历什么事情，我们都不要轻易动怒，要在脉搏加快跳动之前，凭借理智来平静自己。想一想，别人犯了错误，是由于某种他们不可控的原因，我们为什么还要为别人的错误而发怒呢？

疏导压抑的情绪，给心灵松绑

压抑心理是一种较为普遍的病态心理，它存在于社会各年龄阶段的人群中，它与个体的挫折、失意有关，会使人产生自卑、沮丧、自我封闭、孤僻等心理。挫折与压抑心理之间互为因果，会形成一个恶性循环。压抑的心理就好像一条无形的绳索，将人的精神紧紧抓牢，让人每时每刻都觉得痛苦、无法释放自己。

那么怎样才能疏导压抑的情绪，为自己的当下松绑呢？具体方法如下：

1. 运动法

实际上，在一定的范围内适当宣泄压抑，可以改善自己的情绪。当你感到压抑时，不妨出去跑一圈，或做一些能消耗体力又能转移注意力的体育运动，踢足球、打篮球、跑步、游泳、登山等都是不错的选择。当你累得满头大汗、气喘吁吁时，你会感到精疲力竭，相信这时你压抑的情绪已经基本被释放了。

2. 眼泪法

当你感到十分压抑时不妨大哭一场。在可信赖的人面前痛哭一场之后，就会觉得畅快淋漓，压抑的心情也会随着泪水的流出而好转。

为什么会这样呢？

人们经过研究，发现其奥秘在于眼泪。美国生物学家曾挑选了一批志愿者，组织他们观看一些令人悲痛欲绝的电影或戏剧，并要求他们在痛哭时把事先发放的试管放在眼睛下面，将眼泪收集起来。研究人员发现，一个正常的人在哭泣的时候，流出的眼泪有100–200微升，即使一场号啕大哭，眼泪也只有1–2毫升。在哭泣之后，那些心跳过快、血压偏高的人，病情均有不同程度的减轻。经过化学分析得知，原来在这些流出的眼泪中，含有一些化学物质，正是这些化学物质能使人血压升高、消化不良或心率加剧。哭泣能通过流泪把这些有害物质排出体外，对身体当然是有利的。

3. 倾诉法

倾诉，是缓解压抑情绪的重要手段。当你被心理负担压得透不过气来的时候，有人真诚而耐心地来听你的倾诉，你肯定会有一种如释重负的感觉。所谓“一吐为快”正是这个道理。

美国著名心理学家罗杰斯认为，倾听不仅能使聆听者真正理解一个人，对于倾诉者来说，也能产生奇特的效果。倾听能让倾诉者在心理上出现一系列的变化，他会感觉到自己终于被人理解了，内心有一种欣慰之感进而使压抑感得到缓解，心理上似乎感到一种解脱，还会产生感激之情，从而愿意说出更多心里话。

一个人如果通过倾诉能从混乱的思绪中走出来，换一个角度去思考问题，重新审视自己的内心世界，那么一些原来无法解决的问题，就会迎刃而解。

4. 宣泄法

如果以上三种方法对你均没有产生效果，那么你就必须寻求心理医生的帮助了。心理医生会引导你把自己心中的积郁倾吐出来，这称为宣泄疗法。

宣泄疗法在现实中有一定的功效。当你把自己的压抑情绪宣泄出来时，不仅能减轻你心理上的压力，也能减轻或消除你的紧张情绪，使你恢复平静的心情。

在生活中，人们经常可以看到有些心胸开阔、性情爽朗的人心直口快地把自己的压抑情绪诉说出来，便不再愁眉苦脸了。所以，这类人的心理矛盾往往能获得及时地解决。可是人们也常看到一些心胸狭窄、性格内向的人比较爱生气，心里总是闷闷不乐的，这样的人由于压抑心理长期得不到解决而容易患上心理疾病。

放下焦虑，释放自己

焦虑已成为现代人的通病。随着社会节奏的加快，人们越来越担心未来的工作、生活，整天在焦虑中度过，从而无暇享受当下的美好生活。人们为什么会面临如此多的焦虑呢？从自然界、社会、人的心理、认知活动以及人体的特征来分析，其原因可以概括为以下几点：

1. 过度追求完美

有些人生活稍不如意，就心烦意乱、长吁短叹，总担心出问题，惶惶不可终日。须知，世间只有相对完美，并无绝对完美。社会及个人就是在不断改进不足、追求真善美的过程中取得进步的。人们应该知足常乐、随遇而安，不应做追名逐利的奴隶。

2. 没有迎接苦难的思想准备

人的一生会面临各种各样的磨难。没有迎接苦难的思想准备的人，一遇到困难，就会惊惶失措、怨天尤人，大有活不下去之感。其实，“吃得苦中苦，方为人上人”，人要在挫折中战胜自我。

3. 意外的天灾人祸

破产或死亡等天灾人祸会引起人们紧张、焦虑、失落或绝望的情绪，有的人面对灾祸时，甚至万念俱灰。假如碰到意外的不幸时，建议你正视现实、不低头、不信邪、昂起头、挣扎着前进。灾难是会有尽头的，坚持下去，一定会走出困境的。

4. 有神经质人格

有神经质人格的人心理素质差，对任何刺激都很敏感，会做出过度的反应。这类人承受挫折的能力差，自我防御本能过强，有时甚至无病呻吟、杞人忧天。他们眼中的世界，无处不是陷阱，无处不充满危险。如此心态，怎能不焦虑呢?

综上所述，焦虑产生的原因往往源于人们自身的心理。所以，人们只有调整自己的心态，在心理上得到释放，才能消除焦虑的情绪。

通常情况下，我们可以这样排除焦虑：

1. 宣泄情绪

可以向自己信任的亲朋好友倾诉内心的痛苦，也可以用写日记、写信的方式宣泄痛苦，或选择适当的场合痛哭或大声喊出心中的痛苦。

2. 接受逆境

焦虑是人在应激状态下的一种正常反应，要以平常心对待逆境，接纳自己、接纳现实，摆脱烦恼和痛苦的困扰。

3. 确定目标

无论是学习还是工作，没有目标就会茫然不知所措。要根据人生不同发展阶段确立适当的目标，从而缓解因外界压力而产生的焦虑。

4. 回忆快乐

回忆或向别人讲述自己最成功的事，从中得到快乐，从而消除紧张、压抑的情绪。

5. 多听音乐

研究表明，音乐能影响人的情绪、行为和生理功能。舒缓的音乐能使人放松，具有镇痛的作用，能缓解人的焦虑情绪。

6. 参加集体活动

在集体活动中发挥自己的优势，增强人际交往的能力，会使人获得更多的心理支持，从而缓解紧张、焦虑的情绪。

使用上述的方法，也许并不能马上见效。要想去除忧虑，必须从心灵上放松自己。只有这样，你才能缓解压力，从内心深处释放自己的焦虑。

别在悲伤的时候作决定

悲观和失望等消极情绪常常会让人失去正常的判断力。所以，一个人在沮丧难过的时候，千万不要马上做决定，特别是可能会对你的人生产生深远影响的大事。

悲观的时候，理智才是最有用的，它能够帮助你做出正确的抉择。当有人劝你放弃自己的道路时，理智能使你坚定自己的目标而不受外界的影响；当自己的心开始动摇的时候，理智能使你宽慰自己，让自己冷静下来。一个人在看不到希望时，仍能够保持乐观，保持理智，这是十分不容易的。

一直以来，成为一名医生都是杰克最大的梦想，为此他努力学习，考上了医学院。刚开始的时候，他满心欢喜，完全沉浸在了喜悦之中。可是，好景不长，基础知识学完了，学员们开始了解剖学和化学的课程。每天都要面对不同的尸体，这让杰克感到恶心。他每天走进实验室时都心惊胆战，唯恐又见到什么让他呕吐的景象。

恐惧一直折磨着杰克。他开始怀疑自己的选择是错误的，自己并不适合这个行业。思考之后，他决定退学，选择一个更适合自己的职业。他把自己的决定告诉了教授，教授说："再等等吧，你现在的决定并不能代表你的心声。等到你的决定忠于你的心的时候，你再来找我。"

日子一天一天过去，刚开始的时候，杰克每天都在受着煎熬。时间长了，他习惯了实验室里消毒水的气味，熟悉了人体的结构，也就不再畏惧实验室了。四年后，杰克以优异的成绩毕业，他接受了一家大医院的聘请，成了那里最年轻的医生。

有一次，杰克回去看望教授，教授笑着对他说："还记得吗？你当年是想放弃的。""是的，教授，您阻止了我。"教授说："那时候你太悲观，还不能了解自己的心，所以我让你冷静下来。杰克，你记着，人在悲观失望的时候，千万别马上做决定，要给自己一点时间想一想，之后得到的答案也许就跟原来不同了。"

一个人在悲观失意时，头脑会一片混乱，甚至会因此产生绝望的情绪。这是一个人最危险的时候，最容易做出糊涂的判断和糟糕的计划。一个人悲观失望时，就没有了精辟的见解，也无法全面地认识事物，也就失去了准确的判断力。所以忧郁悲观的时候，一定不要做出重要决定，等到头脑清醒、心情平复的时候，再来好好思考。

别被恐惧的魔鬼“附身”

恐惧能摧残一个人的意志，能影响人的身体和心理健康。恐惧还能打破人的希望，减退人的志气，使人不能专心从事任何工作。在生活中，几乎没有比恐惧或者沮丧的念头更加折磨人的了。在《圣经》最盛行的时代里，人们把遭受恐惧折磨的人看成是被魔鬼附身。

看了下面这个故事，也许从中你就能找出战胜“恐惧”——这个敌人的方法。

卫斯理为了山间的野趣，一个人来到一片陌生的山林，左转右转，迷失了方向。正当他一筹莫展的时候，迎面走来了一个挑着山货的美丽少女。

少女嫣然一笑，上前问道：“先生是从景点那边迷失的吧？请跟我来吧，我可以带你抄小路下山，山下有旅游公司的汽车。”

卫斯理跟着少女穿越山林，阳光在林间映出千万道漂亮的光柱，水汽在光柱里飘飘忽忽。正当他陶醉于这美妙的景致时，少女开口说话了：“先生，前面就是我们这儿的鬼谷，是这片山林中最危险的路段，一不小心就会掉进万丈深渊。我们这儿的规矩是路过此地，一定要挑点或者扛点什么东西。”

卫斯理惊问：“这么危险的地方，再负重前行，那不是更危险吗？”少女笑了，解释道：“只有你意识到危险了，才会更加集中精力，那样反而会更安全。这里发生过好几起坠谷事件，都是迷路的游客在毫无压力的情况下一不小心掉下去的。我们每天都挑着东西来来去去，却从来没人出事。”

卫斯理冒出一身冷汗，并不相信少女的解释。他让少女先走，自己去寻找别的路，企图绕过鬼谷。

少女无奈，只好一个人离开。卫斯理在山间来回绕了两圈，也没有找到下山的路。

眼看天色将晚，卫斯理还在犹豫不决。夜里的山间极不安全。在山里过夜，他恐惧。过鬼谷下山，他也恐惧。况且，此时只有他一个人。

后来，山间又走来一个挑山货的少女。极度恐惧的卫斯理拦住少女，让她帮自己拿主意。少女沉默着将两根沉沉的木条递到卫斯理的手上。卫斯理胆战心惊地跟在少女身后，小心翼翼地走过了鬼谷。

过了一段时间，卫斯理故意挑着东西又走了一次鬼谷。这时，他才发现鬼谷没有想象中那么可怕，最可怕的是自己心中的“恐惧”。

人生从来都不是一帆风顺、平安无事的，总会遭到各种各样、意想不到的挫折、失败和痛苦。当一个人预料将会有某种不良后果产生或受到威胁时，就会产生恐惧，为此紧张不安。

现实生活中每个人都可能陷入危险的处境，从而体验到不同程度的恐惧。恐惧作为一种痛苦的体验，是一种心理折磨。人们往往不仅为已经到来的，或正在经历的事恐惧，还对未来没有发生的事感到恐慌。人们生怕伤害、死亡的突然降临，同时也害怕失去现在拥有的东西。

美国学者马克·富莱顿说：“人的内心隐藏任何一点恐惧，都会使他受到魔鬼的利用。”当人们的心中充满了恐惧的时候，就会变得不自信、盲从，看不清前面的路，失去自我的评判标准。所以，我们一定要克服心中的恐惧，大胆地前行。只有这样，我们才不会因恐惧而错失机遇。

越怕失去，就越容易失去

一个即将出嫁的女孩，向她的母亲提了一个问题：“妈妈，婚后我该怎样把握爱情呢？”

“傻孩子，爱情怎么能把握呢？”母亲诧异地说。

“爱情为什么不能把握呢？”女孩疑惑地追问。

母亲听了女孩的问话，笑了笑，然后慢慢地蹲下，从地上捧起一捧沙子，送到女儿的面前。女孩发现那捧沙子在母亲的手里，圆圆满满的，没有一点流失，没有 -点撒落。

接着母亲用力将双手握紧，沙子立刻从母亲的指缝间泻落下来。当母亲再把手张开时，原来那捧沙子已所剩无几。

女孩望着母亲手中的沙子，若有所悟地点了点头。

爱情如手中的一捧流沙，你握得越紧，流失得就越多。爱情不能完全用理智去把握，需要我们用心去体会和感受。

除了爱情，人生中其他方面亦如此。不要硬逼着自己去选择，有时越害怕失去就越容易失去。相反，有时主动放弃反而能创造新的机遇。

英国退役军官迈克莱恩，曾是一名探险队员。1976年，他随英国探险队成功登上珠穆朗玛峰。在下山的路上，他们却遇上了狂风大雪，每行一步都极其艰难。最让他们害怕的是，风雪根本就没有停下的迹象。

这时，他们的食品已所剩不多，如果停下来扎营休息，他们很可能在没有下山之前，就会被饿死。如果继续前行，大部分路标早已被大雪覆盖，不仅要走许多弯路，而且，每个队员身上所带的增氧设备及行李等物品，会压得他们喘不过气来，这样下去就会步履缓慢，他们不饿死，也会因疲劳而倒下。在整个探险队陷入迷茫的时候，迈克莱恩率先丢弃所有的随身装备，只留下不多的食品轻装前行。

他的这一举动几乎遭到所有队员的反对，他们认为现在离下山最快也要十天的时间。这就意味着这十天里不仅不能扎营休息，还可能因缺氧而使体温下降，冻坏身体。那样，他们将是极其危险的。

对于队友的顾忌，迈克莱恩很坚定地告诉他们："我们必须而且只能这样做，这样的天气10天半月都有可能不会好转，再拖延下去，路标也会被全部掩埋。丢掉重物，就不允许我们再有任何幻想和杂念，只要我们坚定信心，徒手而行，就可以提高行走速度，也许这样我们还有生的希望！"

最终队员们采纳了他的意见，一路上相互鼓励，忍受疲劳和寒冷，不分昼夜地前行，结果只用了8天时间，就到达了安全地带。而恶劣的天气，正像迈克莱恩所预料的那样，一直都没有好转过。

若干年后，伦敦英国国家军事博物馆的工作人员找到迈克莱恩，请求他赠送任何一件与英国探险队当年登上珠穆朗玛峰有关的物品，不料收到的却是莱恩因冻坏而被截下的10个脚趾和5个右手指尖。

当年一次正确的放弃，挽救了所有队员的生命。也是由于这个选择，他们的登山装备无一保存下来，而冻坏的指尖和脚趾，却在医院截掉后，留在了他们身边。

人们总是喜欢朝着自己既定的目标奋力拼搏，但不是每个人的愿望和理想

都能实现。很多时候，埋没天才的不是别人而是自己。成功的路径不止一个，不要循规蹈矩，更不要放弃成功的信心，此路不通，就该换条路试试。

放弃就是要人们量力而行。明知得不到的东西，何必苦苦相求？明知做不到的事，何必硬撑着去做呢？有时放弃才是明智的选择，该得时你便得之，该舍时你要大胆地舍之。有时你以为得到了某些东西时，可能已经失去了很多；有时你以为失去了不少东西，却有可能获得更多。

如果我们生命的天平上，
没有“理智”的秤盘平衡“情欲”的秤盘，
那么我们的欲念
就会把我们引导到荒唐透顶的结局。

/ 莎士比亚 /

第四章

瓦解当下的痛苦，看淡人生的得失

人生在世，不要过多计较所谓的成败得失，生命是短暂的，放下心中的不快，瓦解当下的痛苦，把握好眼前的人生，这就是生命的意义之所在。

经历痛苦，才能品味生活的甘甜

命运有时是残酷的，也许我们每个人都无法逃避。即使面对苦难，我们也只有默默地承受而无处躲藏。但是，很多时候，在经历了苦难之后，我们会发现，我们的心开始变得勇敢，我们的意志开始变得坚强。

有这样一个不幸的人：4岁时，一场麻疹和强直性昏厥症，差点夺去他的性命。7岁时他患上了严重的肺炎，不得不进行大量的放血治疗。46岁时牙床突然长满脓疮，他拔掉了几乎所有的牙齿。后来，他又染上可怕的眼疾，视线不再清晰，只能靠人搀扶着走路，于是幼小的儿子成了他的拐杖。50岁后，关节炎、肠道炎、喉结核等多种疾病吞噬着他的肌体。再后来，他的声带也坏了，只能靠儿子按口型翻译他的话。他仅活到57岁，就口吐鲜血而亡。

上帝给他的苦难实在太多了。而这个人似乎觉得这些苦难还不够深重，又给自己的生活设置了各种障碍。13岁起，他就周游各地，过着流浪的生活。他长期把自己囚禁起来，每天练琴10小时，忘记了饥饿和疲倦。

但他另一面的人生足以让人瞠目结舌：12岁时，他就举办首场音乐会，并一举成名，轰动音乐界。之后他的琴声遍及法、意、奥、德、英、捷等国。他的演奏使帕尔玛首席提琴家罗拉惊异得从病榻上跳下来。

在意大利巡回演出时，人们到处传说一定有魔鬼暗授他妖术，否则他的琴声不会充满无穷的魔力。听了他的演奏，卢卡的观众欣喜若狂，赞他为共和国首席小提琴家。维也纳一位盲人听了他的琴声，以为是一个乐队在演奏，当得知台上只他一个人时，大叫一声“他是个魔鬼”。巴黎人为他的琴声陶醉，早已忘记当时正在流行的霍乱，他的演奏会依然场场爆满……

凭借独特的指法、弓法和充满魔力的旋律，他征服了整个欧洲。几乎欧洲所有的文学艺术大师，如大仲马、巴尔扎克、司汤达等都听过他的演奏。音乐评论家勃拉兹称他为“操琴弓的魔术师”，歌德评价他“在琴弦上展现了火一样的灵魂”。

他就是文艺史上的三大怪杰之一——伟大的小提琴家帕格尼尼。

人的天性就是敬仰强者，唾弃弱者。想得到他人的认可，自己就要先变得强而有力。生活是有缺陷的，只要人们有信心和勇气去争取，就能战胜自身的缺陷，找到生活的意义。

正因为经历了苦难，我们才能品味生活的甘甜。所以，我们应该感谢苦难，感谢那些曾经带给我们无限痛苦的经历。

失去可能是另一种得到

人生就像一场旅行。在行程中，你会用心去欣赏沿途的风景，同时也会接受各种各样的考验。在这个过程中，你会失去很多，你也会收获很多。有时，失去并不一定都是灾难，也可能是一种福音。

有一位住在深山里的农民，经常感到环境艰险，难以生活，于是便四处寻找致富的好方法。一天，一位从外地来的商贩给他带来了一样好东西。尽管在阳光下看去那只是一粒粒不起眼的种子，但据商贩讲，这不是一般的种子，而是一种叫做“苹果”的水果的种子。只要将其种在土壤里，两年以后，就能长成一棵棵苹果树，结出数不清的果实，拿到集市上，可以卖好多钱。

欣喜之余，农民将种子小心收好，但他脑海里随即涌现出一个问题：既然苹果这么值钱，会不会被别人偷走呢？于是，他特意选择了一块荒僻的山野来种植这种颇为珍贵的苹果树。

经过近两年的辛苦耕作，小小的种子终于长成了一棵棵茁壮的果树，并且结出了累累硕果。这位农民看在眼里，喜在心中。

他特意选了一个吉利的日子，准备在这一天摘下成熟的苹果，挑到集市上卖个好价钱。当这一天到来时，他非常高兴，一大早便上路了。当他气喘吁吁爬上山顶时，心里猛然一惊，那一片红灿灿的果实，竟然被飞鸟和野兽吃了个精光，只剩下满地的果核。

想到这几年的辛苦劳作和热切期望，他不禁伤心欲绝，大哭起来，他的财富梦就这样破灭了。在随后的日子里，他的生活仍然很艰苦，只能一天一天地熬下去。不知不觉之间，几年的光阴如流水一般逝去。

一天，他偶然来到了这片山野。当他爬上山顶后，突然愣住了，因为在他面前出现了一大片茂盛的苹果林，树上结满了累累硕果。

这会是谁种的呢？在疑惑不解中，他思索了好一会儿才找到了一个出乎意料的答案：这一大片苹果林都是他自己种的。

几年前，当那些飞鸟和野兽在吃完苹果后，就将果核吐在了旁边，经过几年的生长，果核里的种子慢慢发芽生长，终于长成了现在这片茂盛的苹果林。

现在，这位农民再也不用为生活发愁了，这一大片林子中的苹果足以让他过上富足的生活。

从这个故事当中我们可以看出，有时候，失去是另一种获得。花草的种子失去了在泥土中的安逸生活，却获得了在阳光下发芽的机会；小鸟经过跌打失去了几根美丽的羽毛，却获得了在蓝天下凌空展翅的机会。人生总在失去与获得之间徘徊，没有失去，也就无所谓获得。

生活中，如果一扇门关上了，必定有另一扇窗会为你打开。你失去了一种东西，必然会收获另一种馈赠。关键是你要有乐观的心态，相信有失必有得。因为失去有时可能是一种生活的福音，预示着另一种获得。

把失败当成成功的前奏

许多在人们看来悲惨的事情，却往往被命运安排成了成功的前奏。有时候，眼前的不幸并不是最终的结果，只要努力坚持下去，不轻言放弃，就会等来幸运之果。

灾难会让懦弱的人退却，却不会让勇敢的人倒下去。而眼前的悲惨，只是命运给懦弱的人制造的一种假象，只要人们有勇气再向前一步，就可能等到胜利的结果。因为成功是从不断的挫折和失败中获得的，它不仅是一种结果，而且能体现一种不怕失败、在磨难中永不屈服的能力。懦弱的人是看不到成功的，更不会获得最终甜美的果实。

松下幸之助说："成功是一位贫乏的教师，它能教给你的东西很少。我们在失败的时候，学到的东西最多。"因此，不要害怕失败，失败是成功之母。不经历失败，我们就不可能取得成功。

如果你每次失败之后都能有所"领悟"，把每一次失败都当作成功的前奏，那就能化消极为积极，变自卑为自信。作为一个现代人，你应做好迎接失败的心理准备。世界充满了成功的机遇，同时也充满了失败的风险，所以你要树立信心，不断提升应对挫折与干扰的能力。

一天夜里，一场雷电引发的大火烧毁了美丽的“万木庄园”，这座庄园的主人迈克陷入了一筹莫展的境地。面对如此大的打击，他痛苦万分，闭门不出，茶饭不思，夜不能寐。

转眼间，一个多月过去了，年逾古稀的外祖母见迈克还陷在悲痛之中不能自拔，就意味深长地对他说：“孩子，庄园变成了废墟并不可怕。可怕的是，你的眼睛失去了光泽，一天一天地老去。一双老去的眼睛，怎么能看得见希望呢？”

迈克在外祖母的劝说下，决定出去转转。他一个人走出庄园，漫无目的地闲逛。在一条街道的拐弯处，他看到一家店铺门前人头攒动。原来是一些家庭主妇正在排队购买木炭。那一块块躺在纸箱里的木炭让迈克的眼睛一亮，他看到了一线希望，急忙兴冲冲地向家中走去。

在接下来的两个星期里，迈克雇了几名烧炭工，将庄园里烧焦的树木加工成优质的木炭，然后送到集市上的木炭经销店里。

很快，木炭就被抢购一空，他因此得到了一笔不菲的收入。他用这笔收入购买了一大批新树苗。几年以后，“万木庄园”再度绿意盎然。

成功之路难免坎坷和曲折，有些人把痛苦和不幸作为退却的借口，也有人在痛苦和不幸之中获得奋进的动力。只有勇敢地面对痛苦，充满青春的朝气和活力，用理智去战胜不幸，用坚持去战胜失败，你才能真正成为自己命运的主人，成为掌握自身命运的强者。

“宝剑锋从磨砺出，梅花香自苦寒来。”只有经历了风雨的彩虹才会放出美丽的光彩，只有从困境中走出的人才是真正的强者。

要战胜失败所带来的挫折感，就要善于挖掘、利用自身的“资源”。应该说，当今社会并不缺乏成功的机遇，你只要敢于尝试，勇于拼搏，就一定会有所作为。虽然有时你不能改变“环境”的“安排”，但谁也无法剥夺你作为“自我主人”的权利。

在遇到困难时，你是否总是认为自己根本无法克服？假如你这样认为，那就是极大的错误。如果迈克在失去一切后没有积极思考，不去想办法克服重重困难，那也就不会有万木庄园的重生。

你有相当丰富的经验，也有出色的才华，为什么遇到了困难就只会退缩呢？其实，最主要的还在于你面对困难的态度。要战胜困难，既不能回避，也不能沮丧，而应正视困境，寻求解决问题的办法，坚韧执着地走下去。

以信心击退当下的困难

那些成就伟大事业的人，总是具有坚定的自信心，深信其所从事的事业必能成功。这样，无论做什么事，他们都能付出全部的精力，破除一切艰难险阻，直达成功的彼岸。

信心的力量是惊人的，它可以使弱者变强，使强者变得更强。不管发生什么事，充满信心的人永远不会被击倒。

宋朝有一段时期战争频频，国患不断。大将军李卫带领军队杀赴疆场，不料自己的军队势单力薄，寡不敌众，被困在一个小山顶上。就在大家士气大减，将要缴械投降之际，李卫对大家说："士兵们，看样子我们的实力是不如人家了。可我却一直都相信天意，我这里有9枚铜钱，向苍天祈求保佑我们冲出重围。我把这9枚铜钱扔在地上，如果都是正面，一定是老天保佑我们。老天让我们赢，我们就一定能赢。如果不全是正面的话，那肯定是老天告诉我们，我们是不会冲出去的，我们就投降。"

此时，士兵们闭上了眼睛，跪在地上，祈求苍天保佑。这时李卫摇晃着铜钱，一把撒向空中。开始士兵们不敢看，谁会相信9枚铜钱都是正面呢！突然有人一声尖叫：“快看！都是正面！”大家都睁开了眼睛往地上一看，果真都是正面。士兵们跳了起来，把李卫高高举起，喊道：“我们一定会赢，老天会保佑我们的！”

李卫拾起铜钱说：“那好，既然有苍天的保佑，我们还等什么，我们一定会冲出去的！将士们，鼓起勇气，我们冲啊！”

就这样，一小队人马竟然奇迹般地战胜了强大的敌人，突出重围，保住了有生力量。后来，将士们谈起这件事，还有人说：“如果那天没有上天的保佑，我们就没有办法冲出来了！”

这时候，李卫从口袋里掏出那9枚铜钱，将士们才惊奇地发现：这些铜钱的两面是一样的！

虽然只是几枚小小的铜钱，却让这小队人马的命运发生了改变。细细体味这个故事，我们可以领悟到：胜利的根源其实是在于“信心”。

坚定的信心是一种不可抵挡的力量，能够击垮一切艰难险阻，让人不断奋发向上。

坚持下去，才能看到别人看不到的风景

探险家大卫·利文斯顿曾经说过：“不管我的前方面临的是什么，我都不会灰心，除非我达到了自己的目的。”因为这种精神，他在一次又一次的探险中，成为维多利亚瀑布和马拉维湖的发现者，给后人留下了非常宝贵的精神财富。

不管做什么事情，都可能会遇到困难，尤其是当你确定了目标，朝着一个方向努力的时候，困难总会阻挡你前行的脚步。这个时候，如果你没有坚定的信念和锲而不舍的精神，你将一事无成。

在美国，有一个穷困潦倒的年轻人，即使在身上全部的钱加起来都不够买一件像样的西服的时候，仍全心全意地坚持着自己心中的梦想。他想做演员、拍电影、当明星。

当时，好莱坞共有500家电影公司，他逐一数过，并且不止一遍。后来，他根据自己认真规划的路线与排列好的公司名单顺序，带着自己写好的剧本前去拜访这些公司。但第一遍下来，500家电影公司没有一家愿意与他签约。

面对拒绝，这位年轻人没有灰心。从最后一家被拒绝的电影公司出来之后，他又从第一家开始，继续他的第二轮拜访与自我推荐。

在第二轮的拜访中，500家电影公司依然都拒绝了他。

第三轮的拜访结果仍与第二轮相同。这位年轻人又鼓起勇气开始了第四轮拜访。当拜访完第349家后，第350家电影公司的老板破天荒地答应愿意让他留下剧本先看一看。

几天后，年轻人获得通知，请他前去详细商谈。

就在这次商谈中，这家公司决定投资拍摄这部电影，并请这个年轻人担任男主角。

这部电影名叫《洛奇》。

这个年轻人的名字叫西尔维斯特·史泰龙。

在史泰龙的身上，我们看到了一种百折不挠的精神，正是因为这种精神，他才能取得了最后的成功。可是在生活中，很多人都缺乏这种对于梦想的执着和坚持到底的信念。

成功需要持之以恒地追求，即使是名人也不例外。大歌唱家鲁宾斯坦曾说过："若是我一天不练嗓子，我自己会觉得诧异；若是我两天不练嗓子，我的朋友会觉得诧异；若是我三天不练嗓子，所有人都会觉得诧异。"所以，在困难面前，不要灰心，更不要沮丧，而应该一直坚持到底，直到达到目的地。

胜利的荣耀归于信念

一个人无论处于怎样的环境，面对怎样的困难，都不能放弃自己的信念，丢掉对生活的热爱。很多时候，打败你的不是外部环境，而是你自己。如果自己放弃了，即使处于优越的环境里，也不可能走向成功。相反，如果相信自己，并怀有必胜的信念，你一定会战胜所有的困难，得到胜利的荣耀。

在日本国民中流传着这样一个动人的故事：

许多年前，一个妙龄少女来到东京酒店当服务员。这是她的第一份工作，她很激动，并暗下决心一定要好好干。但她没想到上司竟安排她洗厕所！

洗厕所！实话实说没人爱干，何况她从未干过粗重的活儿。细皮嫩肉、喜爱洁净的她干得了吗？她陷入了困惑和苦恼之中，还为此哭过鼻子。

这时，她面临着人生的抉择：是继续干下去，还是另谋职业？继续干下去——太难了！另谋职业——知难而退？人生之路岂有退堂鼓可打？她不甘心就这样败下阵来，因为她曾下过决心：人生第一步一定要走好，马虎不得！

这时，酒店的一位前辈及时地出现在她面前，帮她摆脱了烦恼，帮她迈好了这人生第一步，更重要的是帮她认清了人生路应该如何走。但他并没有用空洞的道理去说教，而是亲自示范给她看。

首先，前辈一遍遍地擦洗着马桶，直到洗得光洁如新。然后，他从马桶里舀了一杯水，一饮而尽，竟然毫不勉强。实际行动胜过千言万语，他不用一言一语就告诉了这个少女一个极为朴素、极为简单的道理：光洁如新，要点在于“新”。新则不脏，因为不会有人认为新马桶中的水脏。反过来讲，只有马桶中的水达到可以喝的洁净程度，才算是把马桶洗得“光洁如新”了，而这一点已被他证明可以办得到。

同时，他送给她一个含蓄的、富有深意的微笑，送给她关注的、鼓励的目光。这已经够用了，因为她早已激动得几乎不能自持，从身体到灵魂都在震颤。她目瞪口呆，热泪盈眶，恍然大悟！她痛下决心：“就算一生洗厕所，也要做一名洗厕所最出色的员工！”

从此，她成为一个爱岗敬业的酒店员工，她的工作质量也达到了那位前辈的高标准。当然，为了检验自己的自信心，为了证实自己的工作质量，也为了强化自己的敬业心，她也多次喝过马桶水。

几十年光阴一闪而过，后来她成为日本政府的主要官员——邮政大臣，她的名字叫野田圣子。

野田圣子坚定不移的人生信念，让她有一颗强烈的敬业心：“就算一生洗厕所，也要做一个洗厕所最出色的人。”这一点就是她后来成功的奥秘所在，这一点使她几十年来一直奋进在成功路上，这一点使她从卑微中逐渐崛起，直至拥有了成功的人生。

信念的力量是伟大的，可是如果你自己首先选择放弃，那就失去了对生活的主动权了。这时候，别说是大的困难，即使是一个小小的挫折都可能让你一蹶不振。

处于艰难的境地并不可怕，困难并不能将你击倒。只要你告诉自己："任何困难都难不倒我，我可以战胜一切挫折。"那么你就一定能克服所有困难，得到胜利的荣耀。

你要相信，眼前的厄运终将过去

有人说：“没有永久的幸福，也没有永久的不幸。”人们在遭受了打击之后，总是习惯抱怨自己的命运不好、身边没有能够帮忙的朋友、家世也不好、没有可依靠的父母，等等。其实，抱怨并不能解决问题。当厄运降临的时候，你一定要相信——厄运不久就会远走，转运的一天迟早会到来。

美国宾夕法尼亚州匹兹堡市有一个女人，她已经35岁了，过着平静、舒适的生活。但是，她突然连遭四重厄运的打击：先是丈夫在一次事故中丧生，留下两个小孩；没过多久，一个女儿被烤面包的油脂烫伤了脸，医生告诉她孩子脸上的伤疤终生难消，她为此伤透了心；她在一家小商店找了份工作，可没过多久，这家商店就关门倒闭了；丈夫给她留下一份小额保险，但是她错过了最后一次保费的续交期，因此保险公司拒绝支付保险赔偿金。

经历一连串的不幸之后，这个女人近乎绝望。她左思右想，为了自救，她决定再做一次努力，尽力拿到保险赔偿金。

在此之前，她一直与保险公司的下级员工打交道。有一次，当她想面见经理时，却被告知经理有事外出了，但她却并不十分相信，就在这时，接待员离开了办公桌。机会来了，她毫不犹豫地走进里面的办公室。果然，经理独自一人坐在里面。经理很有礼貌地问候了她。她鼓起了勇气，沉着冷静地讲述了索赔时碰到的难题。经理看完她的档案，很同情她的遭遇，经过再三思索，决定破例给予赔偿。虽然从法律上讲公司没有承担赔偿的义务，但工作人员按照经理的决定为她办了赔偿手续。

但是，由此引发的好运还不止于此。保险公司的那位经理尚未结婚，他对这个不幸的女人一见倾心，还为她推荐了一位医生。医生为她的女儿治好了病，脸上的伤疤被清除干净。那位经理通过在一家百货公司工作的朋友给她安排了一份工作，这份工作比她以前那份工作好多了。不久，经理向她求婚。一年后，他们结为夫妻，生活得非常美满。

易卜生说：“不因幸运而故步自封，不因厄运而一蹶不振。真正的强者，善于从顺境中看到阴影，从逆境中找到光亮，时时校准自己前进的目标。”生活中，难免会遇到一些挫折，可是不管在什么时候，都不要因厄运而气馁。厄运不会时时伴随你，厄运的阴云过后，和煦的阳光很快就会出现。

你经历的苦难，会让生命之花更加绚烂

苦难，是人生路上的荆棘，有时刺痛会困扰着我们，有时却能给我们坚强和力量。

1958年，一个叫富兰克·卡纳利的人在自家的杂货店对面开了一个披萨饼屋，为的是筹措自己上大学的学费。令他没想到的是，19年后，他的披萨饼屋已经在世界各国开到了3100多家，成了一家跨国连锁企业。这个连锁店就是赫赫有名的必胜客。

若干年后，卡纳利在回顾他的连锁店是如何发展起来时说："你必须学习失败。我做过的行业不下50种，其中只有15种做得还算不错，表示我有30％的成功率。你必须出击，尤其是在失败之后更要出击。你根本不能确定你什么时候会成功，所以你必须先学会失败。从失败中找出可以借鉴的经验。"

卡纳利在俄克拉荷马州的分店经营失败后，他发现，失败的原因是分店选择的地点与店面的装潢有问题。于是，他知道了分店地点的选择与店面装潢的重要性。在纽约的分店失败后，他改进了披萨的硬度，做出了适合当地人口味的披萨。当地方风味的披萨在市场上出现，对他的经营形成冲击的时候，他另辟蹊径，向大众介绍并推出了芝加哥风味的披萨。就这样，卡纳利经过无数次的失败，终于获得了成功。

卡纳利无数次地失败了，又无数次地站了起来。成功的秘诀如此简单：只要你站起来的次数比跌倒的次数多一次就够了。

由此可见，经过苦难的洗礼之后，人们的生活将换上一种全新的色彩。所以，我们都没有必要惧怕人生的风雨，因为一时的苦痛并不能将我们从人生的战场上毁灭。苦难只会让我们成长得更快，让我们的生命更丰富。

从身边做起，从今天做起，
让自己成为一个内心完善的人。
只有内心真正有了一种从容淡定，
才能不被人生的起伏得失所左右。

/ 于丹 /

第五章

唤醒当下的快乐，幸福就在这一刻

心灵是一块特别的磁石：积极乐观的心灵，吸引过来的总是幸福和快乐；消极悲观的心灵，吸引过来的总是伤感和悲痛。以平常心来悦纳生活的馈赠，人生就会更加精彩。

痛苦中也会有快乐的光芒

人世间的悲欢离合常常会引起人们很大的情绪波动，如果消极的想法积蓄得太多、太久，难免会引起人们无穷无尽的烦恼和痛苦。

古罗马皇帝马可·奥勒留在《沉思录》中说道：“我仔细观察了阿珀洛尼厄斯，一个真正的勇士。从他的身上，我懂得了意志的自由，懂得了在失子和久病的巨大痛苦中还可以镇定如常。还有马克西莫斯，一个饱受生活折磨的人，可是从他的身上我却收到了在任何环境里都可以欢愉的讯息。他们都是真正的勇士，因为即使是面对疾病或痛苦，他们都能保持一如既往的冷静，都能以一颗平常心来对待。我也知道，像他们这样的勇士，生活中还有很多——他们只是平凡的人，可他们做的绝对是不平凡的事。”

西娅在维伦公司担任高级主管，待遇优厚。很长一段时间，她都为去什么地方度假而烦恼。但是公司的情况很快就变得糟糕起来，为了应对激烈的竞争，公司开始裁员，而西娅则是被裁掉的员工之一。那一年她43岁。

“我在学校的表现一直都很不错！”她对好友墨菲说，“但没有哪一项特别突出。后来，我开始从事市场销售工作。在30岁的时候，我加入了那家大公司，担任高级主管。我以为一切都会很好，但在我43岁的时候，我失业了。那感觉就像有人给了我一拳。”她接着说，“简直糟糕透了。”

西娅说着说着，似乎又回到了那段灰暗的日子，语气也沉重了许多。但是，在被裁员后不久，她凭借自己的优势找到了工作。两年后，她已经拥有了自己的咨询公司。

“被裁员是一件糟糕的事情，但那绝对不是地狱，也许还是一个改变命运的机会。重要的是你自己如何看待，我记得那句名言：世界上没有失败，只有暂时的不成功。”西娅真诚地对墨菲说。

西娅就如同一个勇士一样，不管处于什么环境，即使是饱受痛苦的折磨，也能快乐如常。那些勇敢的人是我们的精神榜样，能够让我们充满无穷的力量，让我们透过痛苦，抓住快乐的光芒。

人的本性，不是在痛苦里绝望，而是要懂得在绝望里找到希望。我们都应该遵循这一本性，做一个快乐的人。

不要羡慕别人，做快乐的自己

每个人活在这个世界上，都有自己不同的位置，每个位置都有不同的生活，每种生活都有不同的快乐。就像下面寓言故事中的龙王和青蛙一样，它们都有自己的满足与快乐。假如你可以不计得失地快乐生活，就不会被自己的角色所制约。

有一天，龙王与青蛙在河边相遇。打过招呼后，青蛙问龙王："大王，你的住处是什么样的？""珍珠砌筑的宫殿，贝壳筑成的阙楼，屋檐华丽而有气派，厅柱坚实而又漂亮。"龙王说完后，反问了一句："你呢？你的住处如何？"青蛙说："我的住处绿藓似毡，娇草如茵，清泉潺潺。"

接着，青蛙又向龙王提了一个问题："大王，你高兴时如何？发怒时又怎样？"龙王说："我若高兴，就普降甘露，滋润大地，使五谷丰登；若发怒，则先吹风暴，再发霹雳，继而打闪放电，叫千里以内寸草不留。那你呢，青蛙？"青蛙说："我高兴时，就面对清风朗月，呱呱叫上一通；发怒时，先瞪眼睛，再鼓肚皮，最后气消肚瘪，万事了结。"

人们活在世上都扮演着一定的社会角色，要么是“龙王”，要么是“青蛙”。龙王有龙王的活法，青蛙有青蛙的活法，不用一味地去羡慕别人。青蛙和龙王各有各的快乐，也各有各的痛楚。只要生活得简单、有乐趣，自己觉得满足，就是美好的生活。

文化学者于丹说，人生一大乐事就是任情挥洒，无往不至。生命的长度总是有限的，但在这短暂的人生里，人们可以融进无穷的快乐。

越是充满磨难的生活 越要充满自信

在人生的岁月里，起伏不定常常给人带来不安全感，所以，我们常常抱怨磨难，抱怨那些让生活变得艰苦的事情，抱怨那些让我们的内心承受煎熬的经历。可是，这些磨难就像烈火，我们的心只有在经过磨难的烈火锤炼之后，才会变得更加坚韧和刚强。

德国有一位名叫班纳德的人，在风风雨雨的50年间，他遭受了200多次磨难，可以说是世界上最倒霉的人，但这些痛苦的经历也使他成为世界上最坚强的人。

他出生后14个月，摔伤了后背；之后又从楼梯上掉下来，摔残了一只脚；再后来爬树时又摔伤了胳膊；一次骑车时，忽然不知从何处刮来一阵大风，把他吹了个人仰车翻，膝盖又受了重伤；13岁时，他掉进了下水道，差点窒息；曾有一次，一辆汽车失控，把他的头撞了一个大洞，血如泉涌；又有一辆垃圾车，倒垃圾时将他埋在了下面；还有一次他在理发屋中坐着，突然一辆飞驰的汽车驶了进来……

他一生遭遇无数灾祸，在最为晦气的一年中，竟遇到了17次意外。

令人惊奇的是，这位老人一直健康地活着，心中充满着自信。要知道，他经历了200多次的磨难，还怕什么呢？

我们在埋怨自己生活多磨难的同时，不妨想想班纳德老人的人生经历，不妨想想其他多灾多难的人们，与他们相比，我们的困难和挫折算什么呢？

“自古雄才多磨难，从来纨绔少伟男。”人们最出色的成绩往往是在战胜挫折的过程中做出的。我们要有一个辩证的挫折观，在挫折中要保持自信和乐观的心态。挫折和磨难使我们变得聪明和成熟，正是不断从挫折和磨难中吸取经验，我们才能最终走向成功。

磨难是人生不可多得的一笔财富。有人说，不要做在宁静的树林中安睡的鸟儿，要做在雷鸣般的瀑布边也能安睡的鸟儿。磨难并不可怕，只要我们学会去适应，那么磨难对我们的锤炼，反而会让我们拥有不断进取的精神和百折不挠的毅力。

无法改变现实，就改变心情

明朝的陆绍珩说，一个人生活在世上，要敢于“放开眼”，而不向人间“浪皱眉”。“放开眼”和“浪皱眉”其实就是对人生正反面的选择。你选择正面，就能乐观自信地舒展眉头，对一切“放开眼”；你选择反面，就只能郁郁寡欢，为最终成为人生的失败者而“浪皱眉”。

一个内心充满阳光的人，乐观开朗，人生态度也是积极的，不管在工作中还是在生活中，都能很好地完成任务。因此，这类人自我价值的实现也就相对较多。自我价值实现得越多，自我肯定的成就感也就越多，这样就能拥有更加乐观的心态。

相反，一个内心阴暗的人，悲观抑郁，整天愁眉苦脸地面对生活，不管做什么事情都不积极，甚至错误百出。这类人自我价值的实现就相对较少，自我否定的因素就会增加，自己的心态会更加消极。

因此有人说，积极的心态能创造幸福的人生，而消极的心态则会让人生充满阴霾。积极的心态是成功的源泉，是生命的阳光和温暖，而消极的心态则是失败的开始，是生命的无形杀手。

有一个对生活感到绝望的少女，她打算以投湖的方式结束自己的生命。在湖边她遇到了一位正在写生的老画家，老画家正专心致志地画着一幅画。少女瞥了老画家一眼，心想：幼稚，那跟鬼一样狰狞的山有什么好画的？那跟坟场一样的湖有什么好画的？

老画家似乎注意到了少女的情绪，但他依然专心致志地画画。过了一会儿，他对少女说："姑娘，来看看画吧。"

少女走过去，冷冷地看着老画家和他手里的画。

少女被吸引了，她从没发现世界上还有那样美丽的画面——"坟场一样"的湖面成了天上的宫殿，"鬼一样狰狞"的山成了美丽的、长着翅膀的女人。这时，少女竟然将自杀的事忘得一干二净了。

少女的身体在变轻，她觉得自己就是那天边的云……

良久，老画家突然挥笔在这幅美丽的画上点了一些黑点，似污泥，又像蚊蝇。少女惊喜地说；星辰和花瓣！老画家满意地笑了："是啊，美好的生活是需要我们用心发现的！"

其实，少女和老画家看到的景色并没有区别，仅仅是当时他们的心态有所不同而已。生活的美与丑，全在人们怎么看。如果你将心中的消极和阴暗彻底放下，用一种乐观积极的心态去体会生活，就会发现，生活处处都有美的存在。

悲观失望的人在挫折面前，会陷入痛苦之中不能自拔；乐观向上的人即使在绝境之中，也能看到一线生机。诗人胡德说："即使到了生命的最后一天，我也要像太阳一样，总是展现光明的一面。"

安德烈小的时候，不知道从哪儿得到了一堆五颜六色的镜片。他喜欢用这些有颜色的镜片遮住眼睛，站在窗台上看窗外的风景。透过粉红色的镜片，面前的世界便是一片粉红色；透过蓝色的镜片，世界就是一片蓝色；透过黄色的镜片，世界又变成一片黄色。用不同的镜片去看眼前的世界，世界便为他呈现不同的颜色。

后来，安德烈渐渐长大，每当遇到不高兴的事情，他就会想起这件事情。他总是对自己说："世界并没什么不同，我可以决定这个世界的颜色啊！"

安德烈的经历给了人们很好的启示：既然你不能改变一些无法改变的东西，那就改变一下自己的心情吧。

世界的色彩是随着人们情绪的变化而变化的，你拥有什么样的心情，世界就会向你呈现什么样的颜色。所以，别让悲观遮住了生命的阳光，在困难的时候，你完全可以用乐观的心情让自己快乐起来。

愉悦自己，才是真正地爱自己

在遭遇困苦时，乐观的人总会努力想办法让自己快乐起来，让伤痛远离自己，因为他们懂得愉悦自己，懂得真正地爱自己。

由于家庭破产和从小落下的残疾，人生对基尔来说已索然无味了。

一个晴朗的日子，基尔找到了牧师。牧师耐心听完了基尔的倾诉，对基尔说："让我给你看样东西。"说着，他向窗外指去。

那里有一排高大的枫树，在枫树间悬吊着一些破旧的粗绳索。他说："60年以前，这里的庄园主种下这些树，他在树间拉了许多粗绳索。对于嫩弱的幼树，这太残酷了，因为创伤是终生的。有些树面对残忍的现实，能与命运抗争，而另一些树则消极地诅咒命运，结果就完全不同了。眼前这排粗壮的枫树表面上看不出什么疤痕，其实，这些树在成长的过程中将绳索包进了树干里，真是一个奇迹。"

“关于这些树，我想过许多。”牧师接着说，“只有强大的生命力才可能战胜绳索带来的创伤，而不是毁掉自己这宝贵的生命。对于人，有很多解忧的方法。在痛苦的时候，可以找个朋友倾诉，也可以找些活干。对待不幸，要有一个清醒而客观的全面认识，尽量抛掉那些怨恨、妒嫉等情感负担。有一点也许是最重要的，也是最困难的：你应尽一切努力愉悦自己，真正地爱自己。”

如何越过障碍，战胜挫折，脱离困苦，乐观的人总有自己的方法。下面一起来看看如何才能更好地愉悦自己吧。

1. 赶走不良的情绪

碰到不顺心的事情或在家中与亲人发生争吵的时候，不妨暂时离开，换个环境。要么去找别人聊聊天，要么参加一些文体活动，娱乐娱乐。只有把原来的不良情绪赶走，才能使心情重新恢复平静和稳定。

2. 憧憬美好的未来

只有经常憧憬美好的未来，才能始终保持奋发进取的精神状态。不管命运把自己抛向何方，都应该泰然处之。不管现实如何残酷，都应该始终相信困难即将被克服，曙光就在前头，都应该相信未来会更加美好。

3. 忆甜去苦

人生的旅途，有时荆棘丛生，有时鲜花满地。你不能让悲哀、凄凉、恐惧、忧虑、彷徨的心境困扰着自己，你要常常回忆那些幸福、美好、快乐的往事，激发自己去开拓未来。而对于那些烦恼，则要尽量从头脑中抹掉，切不可让阴影笼罩心头，使自己失去前进的动力。

4. 积极的自我暗示

在日常生活中要对自己做出积极的暗示，要常对自己说：“我是最棒的！”“我一定会成功！”平时也要多看些喜剧电影，多听欢快的歌，多做自己喜欢的事。

5. 学会宽待自己

学会宽待自己是一件非常重要的事情。学会宽待自己就要允许自己犯错误，“金无足赤，人无完人”，谁能一辈子不犯错误？在总结教训之余，要安慰自己，即使是由于自身的原因导致的错误也不要对自己过多地责备。因为事情已经发生了，再怎么自责也无济于事，还不如多想想补救的办法。要经常对自己说：“过去的就让它过去吧，一切从头开始。”只有宽待自己，保持良好的心态，才能乐观地生活下去。

为自己点亮一盏心灯

真正的智者，总能看到人生的美好：太阳每天都会升起，如果太阳下山了，还会升起一轮明月；如果月亮没有出现，还有满天闪烁的星星；如果星星也被乌云遮住了，那就为自己点一盏心灯吧。无论何时，只要心灯不灭，就能驱散人生的黑暗，就有成功的希望。

一部很有名的美国电影——《当幸福来敲门》，改编自美国著名黑人投资专家克里斯·加德纳的同名自传。这是一个典型的美国式的励志故事。作为一名单身父亲，加德纳一度面临连自己的温饱都无法解决的困境。在最困难的时期，加德纳只能将自己仅有的财产背在背上，一手提着尿布，一手推着婴儿车，与儿子一起前往无家可归者收容所。实在无处容身时，父子俩只能到公园、地铁卫生间过夜。

为了养活儿子，穷困潦倒的加德纳从最底层的推销员做起，最后成为全美知名的金融投资家。回忆起自己的这段过去，加德纳表示："在我二十几岁的时候，我经历了人们可以想象到的各种艰难、恐惧，不过我从来没有放弃过。”

20来岁的加德纳读书不多，任职医疗物资推销员，还要照顾女友和年幼的儿子。1981年，他在旧金山一个停车场，看到一名驾着红色法拉利的男人正在找车位，加德纳回忆道：“我对他说：‘你可用我的车位，但我要你回答两个问题：你做什么工作和怎样做？’”对方自称是股票经纪，月薪达80000美元，比加德纳年薪还要多一倍。

加德纳于是决定辞职转行，最后成功获得证券公司的聘请。应征新工作前，他和女友吵了一架，警员上门进行调停，加德纳被警方追讨1200美元的违例停车罚款。因为无力还钱，他被判入狱10天。但噩梦还未完，出狱后他发现女友和儿子都消失了，他变得一无所有。几个月后，女友再次现身，但不是想重修旧好，而是她不想带儿子了。此后，加德纳需要抚养儿子，不能再住单身宿舍，被迫和儿子流浪街头……一年后，他才攒够钱并拥有了自己的小窝。

加德纳努力赚钱，当上股票经纪后，事业一帆风顺。1987年，他在芝加哥开设经纪公司，自己做老板，成为了百万富翁。后来，他出版了自传，就是《当幸福来敲门》。

加德纳的经历就是最底层的小人物默默奋斗的故事。面对人生中的不如意，要努力去改变，去奋斗，一次不行就两次，两次不行就三次。只要心中存有希望，只要为自己点亮一盏心灯，就能在黑暗中找到出路，活出自己的精彩。

拒绝品尝悲观的苦酒

悲观会给人生带来很多负面的影响，女作家张爱玲就是一个典型的悲观主义者。张爱玲悲观苍凉的心境，深深地反映在她的作品中，使她的作品产生了独特的艺术魅力。但张爱玲的个人气质和文化底蕴使她不免自伤自恋。因此，在生活中，她时而在世俗的喧嚣中沉浸，时而又陷入极度的寂寞之中，最后孤独死去。

张爱玲的悲剧人生让我们看到了悲观对一个人的戕害是多么严重。现实生活中，平常的人也难免会有这样的心境。

一位父亲有两个儿子，他们都很可爱。在圣诞节来临前，父亲分别为他们准备了完全不同的礼物，并在平安夜悄悄把这些礼物送给他们。第二天早晨，哥哥和弟弟都早早起来，想看看圣诞老人给自己的是什么礼物。哥哥收到的礼物很多，有一把气枪、一辆崭新的自行车，还有一个足球。但哥哥却并不高兴，反而闷闷不乐。

父亲问他：“是礼物不好吗？”

哥哥拿起气枪说：“看吧，这支气枪我如果拿出去玩，没准会把邻居的窗户打碎，那样一定会招来一顿责骂。还有，这辆自行车，我骑出去说不定会撞到树上，把自己撞伤。而这个足球，我可能会把它踢爆的。”父亲听了之后没有说话。

弟弟的圣诞树上除了一个纸包外，就什么也没有了。他把纸包打开后，不禁哈哈大笑起来，一边笑，一边在屋子里到处找。

父亲问他：“为什么这样高兴？”

他说：“我的圣诞礼物是一包马粪，这说明肯定会有一匹小马驹在我们家。”最后，他果然在屋后找到了一匹小马驹。父亲也跟着他笑起来：“真是一个快乐的孩子啊！”

其实，在工作和生活中，乐观情绪总会带来好的结果，而悲观的心理则会使一切变得灰暗。只有拒绝品尝悲观的苦酒，你才能在挫折面前屹立不倒；只有保持积极、乐观的心态，你才能告别悲伤，迎接春日的暖阳。

懂得放下，也就减少了痛苦

人生之中，难免会经历这样或那样的波折。面对生活中的痛苦，如果一味地沉浸在对命运的抱怨中，那么你体会到的只能是悲观和失望。如果保持一颗豁达的心，即使是处在人生的风雪里，你也会把风雪当成是一种风景来观赏。

曼德拉因为反对白人种族隔离的政策而入狱，被关在荒凉的大西洋小岛——罗本岛上27年之久。当时曼德拉年事已高，但白人统治者依然像对待年轻犯人一样对他进行残酷的虐待。

罗本岛上布满岩石，到处是海豹、蛇和其他动物。曼德拉被关在总集中营的一个锌皮房。他有时要将采石场的大石块碎成石料，有时要下到冰冷的海水里捞海带，有时又要干采石灰的活儿——每天早晨排队到采石场，然后被解开脚镣，在一个很大的石灰石场里，用尖镐和铁锹挖石灰石。

因为曼德拉是要犯，看管他的狱警就有3个。他们对曼德拉并不友好，总是寻找各种理由虐待他。

谁也没有想到，1991年曼德拉出狱当选总统以后，他在就职典礼上的一个举动震惊了全世界。

总统就职仪式开始后，曼德拉起身致辞，欢迎来宾，他依次介绍了来自世界各国的政要。然后他表示，能接待这么多尊贵的客人，他深感荣幸，但他最高兴的是，当初在罗本岛监狱看守他的3名狱警也能到场。接着，曼德拉请他们起身，并把他们介绍给大家。

曼德拉的博大胸襟和宽容精神，令那些残酷虐待了他27年的白人汗颜，也让所有到场的人肃然起敬。

后来，曼德拉向朋友们解释说，自己年轻时性子很急，脾气暴躁，正是狱中的生活使他学会了控制情绪，因此才活了下来。牢狱岁月给了他时间与激励，也使他学会了如何看待自己遭遇的痛苦。他说，感恩与宽容常常源自痛苦与磨难。

获释当天，曼德拉的心情非常平静："当我迈出通往自由的监狱大门时，我已经清楚，自己若不能把悲痛与怨恨留在身后，那么我其实仍在狱中。"

没错，面对生活中的磨难，如果不能以一颗豁达之心去面对，就只能一直生活在痛苦当中。

在生活中，很多人都不能放下心中的痛苦，他们愤恨，他们抱怨，甚至还会想到报复。可是，即便你把心中的痛苦都传递给别人，也无法减轻自己心中的痛苦，因为你不曾放下。因此，与其让别人体验你的痛苦，不如自己释怀。放下以往的得失，就能减少自己的痛苦，就能过得更快乐。

幸福在于失意时的忘却

每个人都不可避免地要经历凄风苦雨，要面对艰难困苦。如果一遇到不如意的事就存在心里放不下，人们又怎能快乐得起来呢？所以，在失意的时候，应当学会忘记，忘记那些不快，才能够真正地快乐起来，才能开始生活的新篇章。

人的一生，就像一趟旅行，沿途中有数不尽的坎坷泥泞，也有看不完的春花秋月。如果我们的一颗心总是被灰暗的尘土所覆盖，从而干涸了心泉，暗淡了目光，失去了生机，丧失了斗志，那么我们的人生又岂能美好？如果我们能保持一种健康向上的心态，即使身处逆境，也一定会有“山重水复疑无路，柳暗花明又一村”的那一天。

悲观失望者一时的呻吟与哀叹虽然能得到短暂的同情与怜悯，但最终的结果必然是引起别人的鄙夷与厌烦；而乐观上进者经过长期的忍耐与奋斗，最终赢得的将不仅仅是鲜花与掌声，还有别人那充满敬意的目光。

虽然，每个人的人生际遇不尽相同，但命运对每一个人都是公平的。因为人生有乌云也有阳光，就看我们能不能有一颗坚强的心和一双智慧的眼，透过乌云寻觅到灿烂的阳光。

很多人在失意的时候学会了抱怨，学会了沉沦。对别人给予的伤痛耿耿于怀，无异于拿别人的错误来惩罚自己。这就好比失恋，不是因为你自己不够优秀，也不是因为你自己倒霉，而是你在错误的时间遇到了不适合的人。失恋很正常，你需要腾出时间和位置给将来那个适合的人。但如果你在失意中沉沦，脑子里装的都是曾经的伤，又怎能给新的那个人腾出空间呢？所以，一个塞满了回忆的大脑，永远无法让新的东西容进来。

在生活中，有很多的无奈要我们去面对，有很多的道路需要我们去选择。忘记一些原本不应该属于自己的，去把握和珍惜真正属于自己的，才能拥有幸福的人生！

走到生命的哪一个阶段，
都该喜欢那一段时光，
完成那一阶段该完成的职责，顺生而行，
不沉迷过去，不狂热地期待着未来，
生命这样就好。
不管正经历着怎样的挣扎与挑战，
或许我们都只有一个选择：
虽然痛苦，却依然要快乐，并相信未来。

/ 白岩松 /

第六章

珍惜自己的拥有，感受当下的富足

人生欲壑难填，少一些攀比，就不会放纵自己的欲望。珍惜自己的拥有，学会知足常乐，便能让心灵达到一种从容而淡定的境界，便能用感恩的心去感受富足，包容一切，感激一切。

别因诱惑偏离了你的人生方向

一个商人因为业务发展的需要，决定招聘一个小伙计。

他在商店的橱窗上贴了一张独特的广告："招聘一位能自我克制的小伙子。报酬是每星期4美元，合适者可以拿到6美元。"

"自我克制"这词引起了小伙子们的思考，也引起了他们父母的思考，自然也引来了众多求职者。

每个求职者都要经过一个特别的考试——

"能阅读吗？孩子。"

"能，先生。"

"你能读一读这一段文字吗？"商人把一张报纸放在小伙子的面前。

"可以，先生。"

"你能一刻不停顿地朗读吗？"

"可以，先生。"

"很好，跟我来。"商人把小伙子带到他的私人办公室，然后把门关上。他把这张报纸送到小伙子手上，上面印着他答应不停顿地读完的那一段文字。阅读刚一开始，商人就放出6只可爱的小狗，小狗立刻围到小伙子的脚边，小伙子经受不住诱惑看了看可爱的小狗。由于视线离开了阅读材料，小伙子忘记了自己的角色，读错了。当然，他也失去了这次工作的机会。

就这样，商人打发走了70个男孩。终于，有个男孩不受诱惑地一口气将报纸上的那段文字读完了。商人很高兴。

商人问："你在读书的时候，没有注意到你脚边的小狗吗？"

男孩回答道："注意到了，先生。"

"那么，为什么你不看一看它们？"

"因为我告诉过你，我要不停顿地读完这一段。"

"你总是遵守你的诺言吗？"

"是的，我总是努力地去做，先生。"

商人在办公室里走着，突然高兴地说道："你就是我要找的人。明早7点钟来上班，你每周的薪水是6美元。我相信你大有发展前途。"

男孩后来的发展的确如商人所说——若干年后，男孩成了一个有着良好口碑的律师。

在面对诱惑时，需要保持清醒的头脑，要敢于拒绝这些诱惑。如果总是被诱惑左右，贪得无厌，就会给自己带来无尽的压力、痛苦和不安，甚至会偏离自己的人生轨迹，走入歧途。

韩国前总统卢泰愚在1988～1993年执政期间，利用职权贪污多达5000多亿韩元（约800韩元合1美元）。下野前夕，他将剩余的政治资金化名分别存入20多家银行，据为己有。

1995年8月初，韩国前内阁成员总务处长官徐锡宰与一些新闻界的朋友在汉城市一家餐馆饮酒，酒后将这一秘密泄露。在野的民主党听闻后，私下进行调查，掌握了大量证据。后来，卢泰愚被捕入狱，等待法律的最终判决。

在证人、证据面前，卢泰愚不得不承认他的犯罪事实，并在记者招待会上流下了眼泪。接受传讯后回到住宅，他问他的医生："有没有一种药服后可以一睡不醒，我真不想活了！"但是正如韩国报纸所强调的那样，卢泰愚的"眼泪不会获得国民的同情"。

在诱惑面前，人们需要有一种敢于放弃的清醒。只有能够大胆地舍弃那些原本就不属于自己的东西，才能按照最初的计划，走完自己的人生道路，达成自己的人生目标。

在物欲横流、灯红酒绿的今天，摆在每个人面前的诱惑实在太多了。在这种情况下，唯有保持一颗淡泊的心并保持理智的头脑，才不会误入歧途，才不会偏离自己的人生目标。

无欲无求得心安

赵州禅师有这样一则公案：

有人问禅师："白云自在时如何？"

禅师回答说："争似春风处处闲！"

天边的白云什么时候才能逍遥自在呢？当它像那轻柔的春风一样充满闲适，本性处于安静的状态，没有任何非分的追求和欲望，放下了一切，它就能逍遥自在。白云如此，人亦然。

保持自己的理性，不为虚名所动，不为金钱所诱惑，我们才能认识自己真正的本性，看清本来的自我。否则，我们只能处在烦恼不安的状态之中。

县城老街上有一家铁匠铺，铺里住着一位老铁匠。时代不同了，如今已经没人再需要他打制铁器了，所以，现在他的铺子改卖铁锅、斧头、拴小狗的链子等杂物。

他的经营方式非常古老和传统。人坐在门内，货物摆在门外，不吆喝，不还价，晚上也不收摊。你无论什么时候从这儿经过，都会看到他在竹椅上躺着，微闭着眼，手里拿着一只半导体收音机，旁边放着一把紫砂壶。当然，他的生意无所谓好坏。每天的收入正好够他喝茶和吃饭。他老了，已不再需要多余的东西了，因此他非常满足。

一天，一个文物商人从老街上经过，偶然看到老铁匠身旁的那把紫砂壶。因为那把壶古朴雅致，紫黑如墨，有清代制壶名家戴振公的风格。他走过去，顺手端起那把壶。

壶嘴内有一记印章，果然是戴振公的。商人惊喜不已，因为戴振公有捏泥成金的美名，据说他的作品现在仅存三件：一件在美国纽约州立博物馆，一件在台湾故宫博物院，还有一件在泰国某位华侨手里，是那位华侨1993年在伦敦拍卖市场上，以56万美元的价格买下的。

商人端着那把壶，想以20万元的价格把它买下。当他说出这个数字时，老铁匠先是一惊，然后很干脆地拒绝了，因为这把壶是他爷爷留下的，他们祖孙三代打铁时都用这把壶来喝水。

虽然壶没卖，但商人走后，老铁匠有生以来第一次失眠了。这把壶他用了近60年，并且一直以为是把普普通通的壶，现在竟有人要以20万元的价钱买下，他一时间无法接受这种转变。

过去他躺在椅子上喝水，都是闭着眼睛把壶放在小桌上，现在他总要坐起来再看一眼，这种生活让他非常不舒服。特别让他不能容忍的是，当人们知道他有一把价值连城的茶壶后，来访者络绎不绝。有的人向他打听还有没有其他的宝贝，有的人甚至开始向他借钱。他的生活被彻底打乱了，他不知该怎样处置这把壶。

当那位商人带着20万现金，再一次登门的时候，老铁匠什么也没有说。他招来了左右邻居，拿起一把斧头，当众把紫砂壶砸了个粉碎。后来，老铁匠一直经营着他的铺子。

无欲则刚，无欲则明。清心寡欲能使人在障眼的迷雾中辨明方向，也能使人在诱惑面前保持清醒的头脑，不至于丧失自我。

在这个充满诱惑的花花世界里，真正做到没有一丝欲望，像水一般平平淡淡、毫无牵挂，的确很难。要想做到“无欲”，首先要有一颗静如止水的心，不受外界事物打扰，好好地坚守自己的内心。心淡如水是生命褪去了浮华之后，对生活中那些细微处的感动。只有用感恩的心生活，在平淡中度过一生，才能找寻到生命的意义，才能做到不为“欲”所牵绊，不为“欲”所迷惑，在充斥着欲望的世界保持心中的一方净土。

知足赶走你的贪念

很多古圣先贤都提倡“知足知止”的做法，比如庄子就是一个清心寡欲的人，他曾告诫人们：“知足者，不以利自累也。”明朝的王廷相则说：“君子不辞乎福，而能知足也；不去乎利，而能知足也。故随遇而安，有天下而不与也，其道至矣乎！”同处明朝的吕坤也说过：“万物安于知足，死于无厌。”

老子曾说过：“祸莫大于不知足，咎莫大于欲得。”这句话对于今天有着尤其特殊的意义。由古至今，人类始终难以摆脱欲望的束缚。在欲望的支配下，人们可能会做出许多不可理喻的事情。当欲望得到了满足的时候，人们就觉得万事顺心了；当欲望没有得到满足的时候，人们的心理就会失衡，就会产生抱怨的情绪。所以，只有知足的人才能感受到当下人生的富足。

希腊哲学家克里安德，八十多岁时依然精神矍烁，非常健壮。有人问他：“谁是世上最富有的人？”

克里安德斩钉截铁地说：“知足的人。”

曾有人问当代美国最富有的石油大王史泰莱：“怎样才能致富？”

这位石油大王不假思索地回答：“节约。”

“谁比你更富有？”

“知足的人。”

“知足就是最大的财富吗？”

史泰莱引用了罗马哲学家塞涅卡的一句名言来回答说：“人最大的财富，在于无欲无求。”

塞涅卡还有一句充满智慧的话：“如果你不能对现在的一切感到满足，那么纵使让你拥有全世界，你也不会幸福。”

罗马大政治家兼哲学家西塞罗也曾有类似的说法：“对于我们现在拥有的一切感到满足，就是财富上的最大保证。”

知足者常乐。知足便不作非分之想，知足便不好高骛远，知足便安若止水、心平气和，知足便不贪婪、不奢求、不巧取豪夺。知足的人温饱不虑便是幸事，知足的人无病无灾便是福泽。

过分的欲望、无理的要求，只会给自己带来无谓的烦恼。不知足的人，在日日夜夜的焦虑企盼中，已饱受痛苦煎熬了。因此古人说：“养心莫善于寡欲。”我们如果能够把握住自己的心，驾驭好自己的欲望，做到寡欲无求，“役物而不为物役”，自然能够知足常乐、随遇而安了。

心灵载不动沉重的欲望

有这样一句名言："满足不在于累积财富，而在于减少欲念。"贪欲会使人的精力和体力透支。放下贪欲，追求平实、简朴的生活，才是获得快乐最简单的方法。

如果不克制自己的欲望，得到再多也无法满足。贪多会带来无穷无尽的烦恼和麻烦。人们要学会克制自己，把心灵从欲念的无底深渊中解救出来。

据说上帝在创造蜈蚣时，并没有为它造脚，但是它仍可以爬得和蛇一样快。

有一天，它看到羚羊、梅花鹿和其他有脚的动物都比它跑得快，心里很不高兴，便嫉妒地说："哼！脚愈多，当然跑得愈快。"

于是，它向上帝祈祷说："上帝啊！我希望拥有比其他动物更多的脚。"

上帝答应了蜈蚣的请求，把好多好多的脚放在蜈蚣面前，任凭它自由取用。

蜈蚣迫不及待地拿起这些脚，一只一只地往身上贴，从头一直贴到尾，直到再也没有地方可贴。

它心满意足地看着满身是脚的自己，心中暗暗窃喜："现在我可以像箭一样地飞出去了！"

但是，等它跑步时，才发觉自己根本无法控制这些脚。这些脚都各走各的，它只有全神贯注，才能使一大堆脚不致互相牵绊。可是，这样一来，它走得比以前更慢了。

过度的贪欲让蜈蚣步伐缓慢、举步维艰，同样的道理，人一旦产生过分的欲望，就会使自己的心灵超载，不堪重负的结局就是让人们走得更慢。要知道，心灵是载不动太多沉重的欲望的，只有摒弃多余的欲望，让心灵轻装前行，才能走得更轻松。

有一位禁欲苦行的修道者，准备离开他所住的村庄，到无人居住的山中去隐居修行。他只带了一块布当做衣服，就一个人到山中居住了。

后来当他要洗衣服的时候，他需要另外一块布来替换。于是他就回到村庄，向村民们乞讨。村民们都知道他是虔诚的修道者，于是毫不犹豫地就给了他一块布。

当这位修道者回到山中之后，他发觉在他居住的茅屋里面有一只老鼠，常常会在他专心打坐的时候来咬他那块换洗的布。他曾发誓一生遵守不杀生的戒律，因此他不愿意去伤害那只老鼠，但是他又没有办法赶走那只老鼠，所以他又回到村庄，向村民要了一只猫来吓走老鼠。

得到了一只猫后，修道者又想了："猫要吃什么呢？我并不想让猫去吃老鼠，但总不能跟我一样只吃一些水果与野菜吧！"于是他又向村民要了头奶牛，这样那只猫就可以喝牛奶了。

但是，在山中居住了一段时间以后，修道者发觉每天都要花很多的时间来照顾那头奶牛，影响到了自己的修行。于是，他又回到村庄中，找到了一个可怜的流浪汉，并把这个无家可归的流浪汉带到山中居住，帮他照顾奶牛。

那个流浪汉在山中住了一段时间之后，跟修道者抱怨说："我跟你不一样，我需要一个太太，我要正常的家庭生活。"

修道者觉得流浪汉的要求也不无道理，他不能强迫别人一定要跟他一样，过着禁欲苦行的生活，于是……

这个故事就这样无休止地演变下去，你可能也猜到了，到了后来，也许是半年以后，整个村庄都可能会搬到山上。而这个修道者最初隐居修行的愿望也不可能实现了。一切都是因为欲望，欲望就像是一条锁链，一个连着一个，永远都无法满足。

每个人都有欲望，有欲望不见得是坏事，但欲望太多了，人生就会变得疲惫不堪。生命之舟载不动太多的物欲和虚荣，要想使之不在中途搁浅或沉没，就心须放下多余的欲望，轻松、简单地面对生活。

只要你愿意，随时都能享受幸福

欲望太多的人，永远都不会满足。他们每天都在不停地追逐和奔波，但是何时能够达到自己理想的生活状态，他们并不知晓。可是，难道只有享受荣华富贵的人才能幸福吗？人们不停地忙碌，追逐幸福，可是什么时候才能停下来，静静地享受人生的乐趣呢？知足的人会告诉你：随时。你随时都可以感受到来自生活的幸福，前提是你要懂得知足。

有这样一则寓言：

一天，皇帝独自在花园里散步，他惊讶地发现，花园里的很多植物都枯萎了。

原来，橡树觉得自己没有松树那么高大挺拔，轻生厌世死了。松树因为不能像葡萄那样结许多果子，郁闷死了。葡萄哀叹自己终日匍匐在架上，不能直立，不能像桃树那样开出美丽可爱的花朵，于是也死了。牵牛花也病倒了，因为它叹息自己没有紫丁香那样的芬芳。其余的植物都垂头丧气，无精打采，只有细小的心安草在茂盛地生长着。

皇帝问道："小小的心安草，别的植物全都枯萎了，为什么你这么勇敢乐观，毫不沮丧呢？"

心安草回答说："皇帝啊，我一点儿也不灰心失望，因为如果皇帝您想要一棵橡树、一棵松树、一株葡萄、一棵桃树、一株牵牛花、一棵紫丁香，您就会叫园丁把它们种上，而我知道您只希望我安心做小小的心安草。"

心安草正是因为没有过多的欲望，只安心做自己，所以才能够在百花争艳的花园里形成自己独特的风景。可是，生活中，很多人都对自己拥有的东西感到不满足，觉得自己不幸福，认为别人的东西才是最好的。殊不知正是这样不知足的心态，才让他们与幸福擦肩而过。

台湾的黄美廉女士，是一位先天的脑性麻痹患者，颜面、四肢的肌肉都失去了正常的功能，令她无法言语。但是，黄美廉女士却靠着坚韧不拔的毅力和无比乐观的心态，在人生的道路上取得了一次又一次的成功。她不仅在美国加州州立大学拿到了艺术博士学位，还到处办画展、做演讲，告诉人们要热爱生命。

每一次演讲，黄美廉女士总是以笔代嘴，以写代讲，所以人们又亲昵地称她为"写讲家"。就是这位"写讲家"，在台南市的一次演讲中，向人们讲出了经典的一句话：我只看我所有的，不看我所没有的。

当时，一位学生问黄美廉女士说："黄女士，你从小就长成这个样子，你怎么看自己呢？"

"我怎么看自己？"黄美廉用粉笔在黑板上重重地写下这几个大小不一的字，写得很重，有力透纸背的气势。

写完这个问题，她停下笔来，回头看着发问的学生，然后嫣然一笑，在黑板上龙飞凤舞地写了起来：

1．我好可爱！

2．我的腿很长很美！

3. 爸爸妈妈这么爱我！

4. 上帝这么爱我！

5. 我会画画！我会写稿！

6. 我有只可爱的猫！

7. 还有……

台下的人都沉默了。面对众人的沉默，她在黑板上写下了她的结论：“我只看我所有的，不看我所没有的。”

因为只看自己所拥有的，不看自己所没有的，黄美廉的人生并没有太多的痛苦，相反，她比很多正常人都要过得幸福。

可见，那些不计较自己得失的人，更懂得知足常乐的道理，不刻意地去追求那些得不到的东西，而是加倍珍惜生活所给予的一切，所以他们必然会得到命运加倍的偿还，他们也因此过得很幸福。

名利不过是生命中的尘土

惠子在梁国做了宰相，庄子想去见见这位好友。有人急忙报告惠子："庄子来，是想取代您的相位。"惠子很恐慌，想阻止庄子，于是便派人在国中四处搜寻庄子，搜了三日三夜都没有找到他。不料庄子从容地来拜见他，说道："南方有只鸟，其名为凤凰，您可听说过？这凤凰展翅而起，从南海飞向北海，非梧桐不栖，非练实不食，非醴泉不饮。这时，有只猫头鹰正津津有味地吃着一只腐烂的老鼠，恰好凤凰从头顶飞过。猫头鹰急忙护住老鼠，仰头说道：'吓！'现在您也想用您的梁国来吓我吗？"惠子听完十分羞愧。

庄子不慕名利，不恋权势，为自由而活，可谓洞悉了人生幸福的真谛。

人活在世界上，无论贫穷富贵，都免不了要与名利纠缠在一起。《清代皇帝秘史》中记述了这样一件事：

乾隆皇帝下江南时，来到江苏镇江的金山寺，看到山脚下大江东去，百舸争流，不禁兴致大发，随口问一个老和尚：“你在这里住了几十年，可知道每天来来往往多少船？”

老和尚回答说：“我只看到两只船，一只为名，一只为利。”

淡泊名利是一种境界，追逐名利是一种贪欲。放眼古今中外，真正淡泊名利的人很少，追逐名利的人很多。今天的社会更是五彩斑斓，充满着各种各样的诱惑，要做到淡泊名利确实是一件不容易的事情。

旷世巨作《飘》的作者玛格丽特·米切尔说过：“直到你失去了名誉以后，你才会知道这玩意儿是个累赘，才会知道真正的自由是什么。”盛名之下，是一颗疲惫的心，因为你是在为别人而活着。我们常羡慕那些名人的风光，可我们却不了解他们的苦衷。其实大家都一样，希望能活出自我，因为能活出自我的人生才更有意义。

世间有许多诱惑，但那都是身外之物。我们要想活得潇洒自在，要想过得幸福快乐，就必须学会淡泊名利，断绝名利的纠缠，欣然享受清心自在的美好时光，这样就会真切地感受到生活的快乐。

放下
名利的束缚

荣誉只不过是昨天取得的成就，代表着过去的辉煌，要想取得更大的成就，就必须放下名利的束缚，不断积极进取。

居里夫人因取得了巨大的科学成就而天下闻名，她一生获得各种奖章16枚，各种头衔117个，但她对这些全不在意。

有一天，她的一位朋友来访，忽然发现居里夫人的小女儿正在玩一枚金质奖章，而那枚金质奖章正是大名鼎鼎的英国皇家学会刚刚颁发给她的。

这位朋友不禁大吃一惊，忙问："能够得到一枚英国皇家学会的奖章是极高的荣誉，你怎么能给孩子玩呢？"

居里夫人笑了笑说："我是想让孩子从小就知道，荣誉就像玩具，绝不能够永远守着它，否则将一事无成。"

1921年，居里夫人应邀访问美国，美国妇女为了表示崇敬之情，主动捐赠1克镭给她。要知道，1克镭的价值当时是在百万美元以上的。这时她的确急需一笔科研经费，虽然她是镭的"母亲"——发明者和所有者（但她放弃为此而申请专利），但她却买不起昂贵的镭。

在赠送仪式之前，当她看到《赠送证明书》上写着“赠给居里夫人”的字样时，她不高兴了。她声明说：“这个证书还需要修改。美国人民赠送给我的这1克镭永远属于科学，但是假如就这样写，这1克镭就成了我的私人财产，这怎么行呢？”

主办者由衷地佩服这位科学家的高尚品德，马上请来一位律师对证书进行了修改。之后，居里夫人才在《赠送证明书》上签字。

居里夫人的成就在科学史上是空前的，可是她早就看淡了名利，这并不是人人都能做到的。对于来之不易的荣誉，我们应倍加珍惜，但不要过于看重，千万不可一味地沉溺其中，否则只会让自己丧失斗志。

过去的已经过去，未来的还没有到来，
对于过去和未来，我们都无法触及，
我们被给予的时间，只有现在了，
珍惜一切当下所拥有的，
至少别为逝去的后悔。

/ 杨幂 /

第七章

知足感恩，让心安于当下

知足是一种良好的生活态度，它能使人变得更加睿智、平和，始终以一颗“得之我幸，失之我命”的平常心看待生活中的成败得失。因为珍惜，我们才会对生命中的点滴美好充满感激；因为知足，我们才会对现在拥有的生活感到无比幸福。

惜福感恩，让当下变为福田

一个富翁为了让儿子懂得感恩惜福，便安排他到当地最贫穷的村落住了一个月。

一个月后，儿子精神饱满地回家了，脸上并没有带着“被下放”的不悦，这让富翁感到不可思议。富翁想知道儿子有何领悟，便问道：“怎么样？现在你知道，不是每个人都能像我们这样生活了吧？”

儿子说：“是的，他们过的日子比我们还好。因为我们晚上只有灯，他们却有满天星空；我们必须花钱才买得到食物，他们吃的粮食和蔬菜却是在自己的田地里栽种的；我们只有一个小花园，对他们来说到处都是花园；我们听到的都是噪音，他们听到的都是自然音乐；我们工作时神经紧绷，他们一边工作一边大声唱歌；我们要管理佣人、员工，他们只要管好自己；我们要关在房子里吹冷气，他们在树下乘凉；我们担心有人来偷钱，他们没什么好担心的；我们常常失眠，他们睡得好安稳。所以我要谢谢你，爸爸。你让我知道，我们也可以过得那么好。”

生活中有很多人，无论思想还是行为，都有许多不成熟的地方。他们希望事事做到尽善尽美，受到别人的赞许。但当这种想法不能实现时，他们就很容易陷入烦恼之中。

也许你并不确定自己幸运与否。没关系，这里有一份专家们的“全球报告”，来细细地对照一下吧：

如果我们将全世界的人口压缩成一个100人的村庄，那么这个村庄将有：57名亚洲人、21名欧洲人、14名美洲人和大洋洲人、8名非洲人，52名女人和48名男人，30名基督教徒和70名非基督教徒，89名异性恋者和11名同性恋者。

6人拥有全村财富的89%，而这6人均来自美国；80人住房条件不好；70人为文盲；50人营养不良；1人濒临死亡；1人即将出生；1人拥有电脑；1人拥有大学文凭。

如果你从这种压缩的角度来认识世界，就能发现：假如你的冰箱里有食物可吃，身上有衣可穿，有房可住，有床可睡，那么你比世界上75%的人都富有。假如你在银行有存款，钱包里有现钞，口袋里有零钱，那么你属于世界上8%最幸运的人。假如你父母双全，没有离异，那你就是很稀有的地球人。假如你今天早晨起床时身体健康，没有疾病，那么你比其他几千万人都幸运，他们甚至看不到下周的太阳。假如你从未体验过战争的残酷、牢狱的孤独、酷刑的折磨和饥饿的煎熬，那么你的处境比其他5亿人都好。假如你读了以上的文字，说明你就不属于20亿文盲中的一员，他们每天都在为不识字而苦恼……

看吧，你原来是这么幸运。只要肯用感恩的心去面对，用感恩的心去体会，你当下拥有的，足以让你幸福一生了。

你的生命是上天的美意

面对生命的逝去，我们是哀叹、漠然，还是反思、爱惜？当代作家毕淑敏在谈到自己的人生经历时，曾说道：

我16岁时离开北京到西藏阿里当兵，那是我记忆最深刻的人生转折。

到了阿里，我体会到了零下40多度的酷寒、海拔5000米以上带来的缺氧、八九个月收不到任何信件、吃不到任何蔬菜，等等。我吓坏了！我真正地感受到，人的生命太脆弱了，因为我们还会时时面对死亡。

那时我们没有任何娱乐的条件，没过多久，几个人连话都说尽了。我因此常常一个人呆坐着看冰雪，一看就是几个小时。现在想来，那简直就是“面壁”。原始人的生活大概也不过如此吧？

但是，我在那时进行了很多冥想：人从哪里来？要到哪里去？看冰雪的时候仿佛看出了人生的很多问题。我记得康德有一句话说：“人对于崇高的认识来源于恐惧。”可能吧，于是我下定决心要让自己的一生过得有趣、有意义，还要有益于他人。

那十多年的生活让一种观念贯穿于我的一生，那就是珍惜生命。有人曾经对我的小说作品进行专门研究，结果发现，我用“生命”“死亡”特别是“温暖”这样的词汇特别多，大概是因为我当年被冻怕了。

不管怎么说，后来我的作品总是要把自己在高原所体验到的生命的宝贵传达给他人，那就是在我长篇小说里一以贯之的主题——爱惜生命。

是的，每个人都应该爱惜生命。因为生命是上天给我们的馈赠，能够拥有生命就是我们最大的幸福。

如果人的生命好像一朵盛开的花朵，那你的一生既可以绚烂辉煌、香气袭人，也可以苍白暗淡、寂寂无声。这一切在于你是否珍惜生命。生命是脆弱的，面对如此脆弱的生命，你唯一能做的，就是珍惜生命中的每一天，珍惜当下的每一秒。

活着，就是一种莫大的幸福

有位青年厌倦了生活的平淡，感到人生的一切都是那么无聊和痛苦。为了寻求刺激，青年参加了挑战极限的活动。活动的规则是：一个人待在山洞里，无光无火亦无粮，每天只供应5千克的水，时间为整整5个昼夜。

第一天，青年感到很刺激。

第二天，饥饿、孤独、恐惧一起袭来，四周漆黑一片，听不到任何声响。青年有点向往起平日的无忧无虑来。他想起了乡下的老母亲不远千里地赶来，只为送一坛韭菜花酱以及一双小孙子的虎头鞋；他想起了终日相伴的妻子在寒夜里为自己掖好被角；他想起了宝贝儿子为自己端的第一杯水；他甚至想起了与他发生争执的同事曾经给自己买过的一份工作餐……渐渐地，他开始后悔平日自己对生活的态度：懒懒散散、敷衍了事、冷漠虚伪、无所作为。

到了第三天，他几乎要饿昏过去了。可是一想到人世间的种种美好，他又坚持了下来。

第四天、第五天，他仍然在极度的饥饿、孤独、恐惧中反思过去。他责骂自己竟然忘记了母亲的生日，他遗憾妻子分娩之时未尽照料义务，他后悔听信流言与好友分道扬镳……他这才发觉需要他努力弥补的事情竟是那么多。可是，连他自己也不知道，他能不能挺过最后一关。此时，泪流满面的他发现：洞门开了，阳光照射进来，白云就在眼前。闻着淡淡的花香，听着悦耳的鸟鸣——他又迎来了一个美好的人间。

青年扶着石壁蹒跚地走出山洞，脸上浮现出一丝难得的笑容。这五天里，他一直在心里默念一句话，那就是：生命是上天赠与我们的，活着才是最大的幸福。

有时候我们因为在生中遇到了一些不如意而常常抱怨，以为生活就是一种折磨。可是，只要我们放下思想的包袱，敞开自己的心扉，积极地对待生活中的每一天，我们就会发现，原来生活并非全是苦难。当我们细心地品味生活，就能发现幸福。

幸福是简单的，不需要过多的附加条件。是否拥有名和利，不会成为幸福与否的判标准，如果过度追求那些外在的物质享受，反而会让我们离幸福越来越远。

一位名人去世了，朋友们都来参加他的追悼会。昔日前呼后拥、香车宝马的名人躺在骨灰盒里，百万家财不再属于他，宽敞的楼房也不再属于他……他所拥有的只有一个骨灰盒。

从名人的追悼会上回来，几乎每一个人都会产生看破红尘的念头：那么聪明的一个人，那么精明的一个人，每一个曾经与他争斗的人最终都败下阵来，可是他斗来斗去也斗不过命，撒手人寰以后，一切都是空。

许多人都在想：趁现在好好活着吧，珍惜自己的生命，珍视自己的生活，这就是一种幸福。轰轰烈烈了一世，最后还不是一个人孤零零地走了？以前踩着那么多人的肩膀向上爬，得罪了那么多人，值得吗？

追悼会是一次洗礼。面对过死亡以后，人们才知道拥有生命是多么的幸福。可是，接下来还是要忙忙碌碌地奔波，钩心斗角地生活。

我们很容易被死亡所震撼，然而我们更容易被生活的琐碎所淹没。不要去在意那些无谓的纠葛、苦痛、伤害，一切仅仅是生活中小小的注脚而已。活着，即意味着你有追求幸福的资本和契机。活着就是幸福，让我们好好珍惜当下的生活吧。

感恩生活对我们的情分

被称为战国四君子之一的孟尝君有一段经历很值得今天的人读一读：

孟尝君在自己的领地广招门人食客，并给予优厚的待遇。于是，天下有识之士，都竞相来投奔他，归附他。一时间，其食客就达数千人，影响甚大。

秦国对孟尝君的才能深为恐惧，便使用了离间之计，使孟尝君失去了齐国相国的职位。树倒猢狲散，他的食客也接二连三地离开了他。

后来，他的食客中一位叫冯谖的人，用计使孟尝君官复原职。孟尝君感叹地对冯谖说道："我对待门客很热情，在招待上也没什么疏忽，以致食客人数达到了三千有余。可是一旦我失去地位，他们却全都弃我而去，没有人来看望我。幸好有你助我一臂之力，我才重新恢复了地位。看那些人有什么脸面再来见我？如有厚着脸皮回到我这儿来的人，我必将朝他脸上啐唾沫，大加羞辱。"

而冯谖听后，却对孟尝君说："富贵时，大家都来投奔，落魄了，朋友四散奔逃，这是理所当然的。您看菜市场，早晨熙熙攘攘，到了晚上就变得空空荡荡了。这并不是人们喜欢早晨，讨厌晚上，而是因为早晨有要买的东西，所以人们聚集到市场上，而晚上没有东西可买，人们就不去市场了。食客们由于您丧失地位而离开您也与此相同。这是由于他们所求的东西没有了，所以您不应该记恨他们。"

孟尝君听完冯谖的一席话，立刻心领神会，仍一如既往地对待再次归附到他门下的食客们。

孟尝君虽然愤怒，但还是在冯谖的劝说下想开了：食客们之所以投奔而来，是对自己抱有很大的期望，想在相国身边做出些业绩。自己失势了，对方的期望落空了，哪有不走之理？所以，是自己的沉浮，影响了他们的去留。想通了之后，孟尝君便不再记恨他们，照样敞开胸怀接纳这些人，体现了自己的君子风度。

生活在这个世界上，有时候我们会和孟尝君一样遭遇背叛。假如我们不能站在别人的立场上，了解别人的想法，也就无法打开自己的心结。而一个耿耿于怀的人，伤害的不是别人，而是自己。因此，看淡人生的得失成败，也就学会了宽大为怀。

禅宗里曾经有这样一个故事：弟子问师父这样三个问题："第一，我怎么才能得到解脱？第二，我怎样才能找到净土？第三，如何才叫涅槃"？

他的师父听了之后，微微一笑，反问道："首先，你求解脱，那么现在是什么绑住了你？其次，你求净土，现在又是什么污染了你？最后，你问我什么才是涅槃，那么你想过吗？是谁把生和死给了你？"

这三个问题是困扰弟子已久的，其实也是我们每个人都会遇到的。我们在生活中，会不会因为朋友聚会没有邀请我们而感到不开心呢？会不会因为领导给其他同事涨了工资，自己觉得不痛快呢？会不会因为许多我们设想的好事没有轮到自己的头上而闷闷不乐呢？恐怕每个人的答案都是肯定的。

但是，人生的烦恼就像滚雪球，我们越是去思量，就越会觉得别扭，越别扭心里就越纠结，到后来这个疙瘩越拧越紧就怎么也打不开了。其实，烦恼的时候我们不妨这样想：给的是情分，不给的是本分。只要认真工作，诚恳待人，早晚会得到别人认可的。

于丹曾经说过："学会感恩，我们的心灵才能获得重生的力量，然后我们才可能有一个博大的胸怀去回报，去爱这个世界，去平等地对待世间万物。"如果我们能够以这样的心态来面对人生，还有什么不能大事化小，小事化了的呢？感恩生活给予我们的馈赠，并以这样的心态化解生活中的难题，就是生命的大智慧。

世界再残酷
也有美好的一面

我们如果始终以消极的心态面对人生，就会变得越来越沮丧，越来越自卑。这样一来，就会无缘无故给自己增添许多烦恼，影响自己的身心健康。结果，你就可能被消极的阴影遮蔽了生命的光辉。

悲观失望的人面对挫折时总会深陷其中不能自拔，而乐观向上的人即使在绝境之中，也能看到一线生机。

尤利乌斯是一个很不错的画家，他总是用画笔描绘快乐的世界，因为他自己就是一个快乐的人。不过没人买他的画，因此他有时想起来会有点伤感，但只是一会儿。

他的朋友们劝他："玩玩足球彩票吧！只花两马克便可赢很多钱！"于是尤利乌斯花了两马克买来一张彩票，真的中了头彩！他中了50万马克的奖金。

他的朋友都对他说："你瞧！你多走运啊！现在你还经常画画吗？"

"我现在只画支票上的数字！"尤利乌斯笑道。

尤利乌斯买了一幢别墅并精心进行了一番装饰。他很有品味，买了许多好东西：阿富汗地毯、维也纳柜橱、佛罗伦萨小桌、迈森瓷器，还有古老的威尼斯吊灯。

尤利乌斯很满足地坐下来，他点燃一支香烟静静地享受他的幸福。突然他感到好孤单，便想去看看朋友。他把烟扔到地上——在原来那个石头做的画室里他经常这样做——然后他就出去了。

没有熄灭的香烟掉在华丽的阿富汗地毯上……一个小时以后，别墅变成一片火海，一切化为了乌有。

朋友们很快就知道了这个消息，他们都来安慰尤利乌斯。

“尤利乌斯，真是不幸呀！”他们说。

“怎么不幸了？”尤利乌斯问。

“损失呀！尤利乌斯，你现在什么都没有了。”

“什么呀？不过是损失了两马克。”

朋友们为尤利乌斯失去别墅而惋惜，可是尤利乌斯却并不在意。正如他所说的，只不过是两马克，怎么能够影响他正常的生活，让他陷入悲伤之中呢？

事情本身并不重要，重要的是面对事情的态度。只要有一双能够发现事物美好一面的眼睛，有一颗乐观的心，即使面对不幸，也会把它看得微不足道。

千万不要只看到消极的地方，千万不要让自己的心情变得越来越消沉，一旦发现有这种倾向就要马上转移自己的注意力。垂头丧气、心情沮丧是非常危险的，这种情绪会减少我们生活的乐趣，甚至会摧毁我们的生活。我们应该具有乐观的性格，面对生活的不幸我们要坚韧地承受，面对工作中的困难我们也要勇敢地克服。要知道，任何事物总有光明的一面，我们应该去发现事物光明、美好的一面。

过分留恋过去，只会错过更多

淑娟是一所大学里一位普通的学生，她曾经沉浸在考入重点大学的喜悦中。但好景不长，大一开学才两个月，她已经对自己失去了信心。连续两次与同学闹别扭，功课也不好，她对自己失望透了。

她自认为是一个坚强的女孩，很少有被吓倒的时候。但她没想到开学才两个月，自己就对四年的大学生活失去了信心。她曾经安慰过自己，也无数次试着让自己抱以希望，但最终得到的却是一次又一次的失望。

以前在中学时，几乎所有老师跟她的关系都很好，都很喜欢她。她的学习状态也很好，身边还有一群好朋友。那时，她感觉自己像个明星似的。但是进入大学后，一切都变了，现在的她很无助，她常常这样想：我并未比别人少付出，并不比别人少努力，为什么别人能做到的，我却不能呢？她觉得明天已经没有希望了，难道12年的拼搏奋斗注定是一场空吗？那这样对自己来说太不公平了。

进入一个新的环境，人们往往会不自觉地拿现在的状态与以前进行对比。当遇到困难和挫折时，“回归心理”更是人们容易产生的一种普遍的心理。淑娟在新学校中缺少安全感，不管是与人相处方面，还是自己的心态方面，都出现了问题，这使她长期处于一种怀旧、留恋过去的心理状态中。

如果不去正视眼前的困境，就更加难以适应新的生活环境，建立新的自信。不能尽快适应新环境，就会导致过分地怀旧。一些人在人际交往中只能做到“不忘老朋友”，但难以做到“结识新朋友”，个人的交际圈很狭小。过分地怀旧将阻碍你去适应新的环境，使你很难与别人沟通。

适当的怀旧是正常的，但如果因为怀旧而无视现在和将来，就会错过更多。不要总是表现出对现状很不满意的样子，更不要因此沉溺在对过去的追忆中。当你不厌其烦地回忆往事，你可能就忽略了当下种种美好的体验。

你需要做的是尽情地享受当下的生活。如果你总是因为昨天而错过今天，那么在不远的将来，你又会回忆着今天而错过明天。在这样的恶性循环中，你永远是一个迟到的人。与其这样，不如积极面对当下的生活，做好当下的工作，结交当下的朋友，了解当下的新生事物。

不要沉浸在对未来的幻想中

每个人都希望有一个美好的未来，为了实现自己的愿望，我们从很早的时候就开始准备了。我们满怀憧憬，快步疾行，却不知因此错过了今天的美好景致。可是，如此努力奋斗就一定能有一个自己想象中美好的未来吗？未必。

未来是什么？它是什么样子的？我们谁也不知道。尽管我们习惯于在幻想中把它描绘得很美好，可是它始终是我们脑海里一种虚幻的存在。我们需要面对的是当下，我们能够享受的只有当下的一切。

1871年春天，一个年轻人拿起了一本书，看到了一句对他的前途产生过莫大影响的话。

这个年轻人是蒙特瑞综合医学院的一名学生，他平日充满了忧虑，总担心通不过期末考试，担心自己无法毕业，担心以后做不了医生，担心自己无法生活……

这位年轻的医科学生所看见的那一句话，使他成为了当代最有名的医学家。他创建了全世界知名的约翰·霍普金斯学院，并成为了牛津大学医学院的教授——这是学医的人都非常向往的。他还被英国国王册封为爵士，他就是威廉·奥斯勒爵士。

下面就是他所看到的托马斯·卡莱里所写的一句话，这句话使他幡然醒悟，帮他度过了无忧无虑的一生："最重要的就是不要去看远方模糊的事，而要做手边清楚的事。"

40年后，威廉·奥斯勒爵士在耶鲁大学发表了演讲。他告诉学生们，人们传言说他拥有"特殊的头脑"，但其实不然，他周围的一些好朋友都知道，他的脑筋其实"最普通不过了"。那么他成功的秘诀是什么呢？他认为这无非是因为他活在"一个完全独立的今天里"。

在他到耶鲁演讲的前一个月，他曾乘坐一艘很大的轮船横渡大西洋。

一天，他看见船长站在船舱里，摁下一个按钮，接着船上发出一阵机械运转的声音，船的几个部分立刻彼此隔绝开来——隔成几个完全防水的隔舱。"你们每一个人，"奥斯勒爵士说，"都有着比那艘轮船复杂得多的构造，所要走的航程也要远得多，我要奉劝各位的是，你们也要像船长一样学会控制，活在一个完全独立的今天，这样才能在航程中确保安全。你拥有的是今天，抛开过去，把已经过去的埋葬掉。未来取决于今天，没有明天这种东西。精力的浪费、精神的苦闷，都会紧紧跟着一个为未来担忧的人。养成一个好习惯，那就是生活在一个完全独立的今天里。"

奥斯勒博士接着说道："为明日做准备的最好办法，就是要集中你所有的智慧与热忱，把今天的工作做得尽善尽美，这就是你能应付未来的唯一方法。"

奥斯勒博士的话值得我们每个人深思。其实，人生的一切成就都是由"今天"的成就累积起来的，总想着昨天和明天，你的"今天"就永远没有成果。只有珍惜今天，你才能有好的未来！

莎士比亚说过："明智的人永远不会坐在那里为他们的损失而悲伤，却会积极地去想办法来克服眼前面对的困难。"

成功学大师拿破仑·希尔说："当我读历史和传记并观察一般人如何度过艰苦的处境时，我既觉得吃惊，又羡慕那些能够把他们的忧虑和不幸忘掉并继续过着快乐生活的人。"

无论昨天有多辉煌，我们都只能活在今天。同样，无论我们脑海里描绘的明天有多么美好，也只不过是我们的想象。我们能够把握的就是当下，应该被我们所珍视的，也正是当下的每一刻。

别给当下制造过多的痛苦

有个小和尚，每天早上负责清扫寺院里的落叶。

清晨起床扫落叶实在是一件苦差事，尤其在秋冬之际，每一次起风时，树叶总是随风飞舞。每天早上都需要花费许多时间才能清扫完树叶，这让小和尚头痛不已，他一直想找个好办法让自己轻松些。

后来有个和尚对他说："你在明天打扫之前先用力摇树，把要落的叶子统统摇下来，后天就可以不用扫了。"

小和尚觉得这是个好办法，于是隔天他起了个大早，使劲摇树，以为这样他就可以把今天和明天的落叶一次扫干净了。一整天小和尚都非常开心。

第二天，小和尚到院子里一看，不禁傻了眼，院子里如往日一样落叶满地。

一位老和尚走了过来，对小和尚说："傻孩子，无论你今天怎么用力，明天的落叶还是会飘下来。"

小和尚终于明白了，世上有很多事是无法提前的，唯有认真地活在当下，才是最真实的人生态度。

古希腊学者库里希坡斯曾说：“过去与未来并不是‘存在’的东西，而是‘存在过’和‘可能存在’的东西。唯一‘存在’的是现在。”

活在当下是一种全身心地投入人生的生活方式。当你活在当下，而没有过去拖在你后面，也没有未来拉着你往前时，你全部的能量都会集中在当下，生命也会因此具有一种巨大的张力。

当生命走到尽头的时候，你问自己一个问题：你觉得这一生都了无遗憾吗？你认为想做的事你都做了吗？你有没有好好笑过、真正快乐过？

想想看，你这一生是怎么度过的：年轻的时候，你拼了命想挤进全国一流的大学；随后，你巴不得赶快毕业，找一份好工作；接着，你开始操心自己的终身大事，迫不及待地结婚、生小孩；然后，你又整天盼望小孩快点长大，好减轻你的负担；后来，小孩长大了，你又恨不得赶快退休；最后，你真的退休了，不过，你也老得几乎连路都走不动了……当你正想停下来好好喘口气的时候，生命也快要结束了。

其实，这不就是大多数人一生的写照吗？你劳碌了一生，时时刻刻为生命担忧，为未来做准备，一心一意计划着将来要做的事，却忘了把眼光放在“当下”。等到时间一分一秒地溜走，你才恍然大悟“时不我予”。

智者常劝世人要“活在当下”。到底什么叫做“当下”？

简单地说，“当下”指的就是：你现在正在做的事、待的地方、周围一起工作和生活的人。“活在当下”就是要你把关注的焦点集中在这些人、事、物上面，全心全意、认认真真去接纳和体验这一切。

而事实上，大多数人都无法专注于“当下”。他们总是若有所想，心不在焉，想着明天、明年甚至下半辈子的事。假若你时时刻刻都将力气耗费在不可预知的未来，却对眼前的一切视若无睹，你永远也不会得到快乐。

有一位作家这样说过：“当你存心去找快乐的时候，往往找不到，唯有让自己活在‘现在’，全神贯注于周围的事物，快乐才会不请自来。”

人生的意义，不过是嗅嗅身旁每一朵绚丽的花朵，享受一路走来的点点滴滴而已。毕竟，昨日已成历史，明日尚不可知，只有“今日”才是上天赐予我们最好的礼物。

许多人喜欢预支明天的烦恼，想要早一步把它解决掉。其实，明天如果有烦恼，你今天是无法解决的。每一天都有每一天的人生功课要交，努力做好今天的功课再说吧！别再给当下制造过多的痛苦了，只要我们能用平常的心对待每一天，用感恩的心对待当下的生活，我们才能理解生活的真正含义！

幸福不曾走远，就在当下

从前，有一个人生前善良且热心助人，所以在他死后升上天堂，成了天使。他当了天使后，仍时常到凡间帮助人们，希望感受到人们幸福的味道。

一日，他遇见一个农夫，农夫非常苦恼，他向天使诉说：“我家的水牛病死了，没它帮忙犁田，那我怎么下田耕作呢？”于是天使赐给他一头健壮的水牛，农夫很高兴，天使在他身上感受到了幸福的味道。

又一日，他遇见一个流浪汉，流浪汉非常沮丧，他向天使诉说：“我的钱被骗光了，没路费回乡。”于是天使给了他钱做路费，流浪汉很高兴，天使在他身上感受到了幸福的味道。

又一日，他遇见一个诗人，诗人年青、英俊、有才华且很富有，妻子貌美而温柔，但他却不快乐。

天使问他：“你不快乐吗？我能帮你吗？”

诗人对天使说：“我什么都有，只欠一样东西，你能够给我吗？”

天使回答说：“可以。你要什么我都可以给你。”

诗人直直地望着天使：“我要的是幸福。”

这下把天使难倒了，他想了想，说：“我明白了。”然后，天使把诗人所拥有的一切都拿走了。天使拿走诗人的才华，毁去他的容貌，夺去他的财产和他妻子的性命。做完这些事后，天使便离去了。

一个月后，天使再回到诗人的身边，诗人这时饿得半死，衣衫褴褛地躺在地上挣扎。于是，天使把诗人的一切又还给了他。

半个月后，天使再去看诗人。这次，诗人搂着妻子，不住地向天使道谢。因为，他得到幸福了。

每个人都可以享受生活的幸福，因为幸福从来不曾走远，就在当下。有的人会把当下的一切看成是上帝的一种恩赐，怀着感恩的心态去享受。而有的人则会把手中的幸福随意丢弃，就如同那个诗人一样，即使已经拥有了很多，却对此视而不见，还在为了那些没有得到的东西而不停地抱怨。很多人只懂得为错过的太阳而流泪，却眼睁睁地看着群星从眼前消失。聪明的人会认真把握转瞬即逝的当下，珍惜拥有的一切，享受当下的生活。

我喜欢深存感恩之心又独自远行的女人。
知道谢父母，却不盲从。
知道谢天地，却不畏惧。
知道谢自己，却不自恋。
知道谢朋友，却不依赖。
知道谢每一粒种子每一缕清风，
也知道要早起播种和御风而行。

/ 毕淑敏 /

第八章

多点宽容，才更从容

人和人之间难免会因为一些事情发生摩擦，难免会因为误会而彼此伤害。但是与人争执并不是我们的本性，宽容才是我们唯一的信仰。

让包容成为我们的信仰

对于那些故意给我们设置障碍的人，我们该如何对待呢？是耿耿于怀，视他们为永远的敌人；还是宽容大度，化干戈为玉帛呢？明智的做法应该是后者。因为包容他人应该成为我们的信仰，仇恨别人只会给自己的人际交往带来障碍，对化解矛盾没有任何帮助。

包容是一种优秀的品质，是一种正确的自我意识的体现。一个人只有正确地认识了自己，才会有包容的胸怀。包容是思想的升华，是一个人品德的体现。许多人认为包容只是一种放弃和软弱，这种想法是很消极的。真正的包容是需要巨大精神力量作为支撑的。

我国已故的著名心理学家丁瓒曾经说过：“人类心理的适应，最主要的就是人际关系的适应。人类心理的病态，也主要由人际关系的失调引起的。”

人际关系的严重失调会影响人的心理健康，而包容则会使人们的人际关系更加协调。所以，必须要有一颗包容之心，才能活得更健康。

美国第三任总统杰斐逊与第二任总统亚当斯的恩怨，就是一个生动的有关包容的例子。

杰斐逊在就任前夕到白宫去，想告诉亚当斯，他不希望针锋相对的竞选活动破坏他们之间的友情。在杰斐逊还未来得及开口时，亚当斯便咆哮起来："是你把我赶下台的！"二人的友情自此破裂，中止交往达11年之久。

后来杰斐逊的几个邻居探访亚当斯，这个倔强的老人仍在诉说那件难堪的往事，但接着他又脱口而出："我一向喜欢杰斐逊，现在仍然喜欢他。"

邻居把亚当斯的这些话告诉了杰斐逊。杰斐逊也不计前嫌，主动请了一位他俩都很熟的朋友传话，让亚当斯也明白自己的真实想法。后来亚当斯回了一封信给他，两人从此开始了书信往来。

包容是多么简单的两个字，但它却包含了许许多多。包容是赢得朋友的保证，包容是化解怨恨的良药。学会包容他人，不应是一句空话，而应是发自内心的自然流露。

宽容他人就是善待自己

宽容是一种非凡的气度，懂得宽容的人，可以容人之长，不去嫉妒，可以容人之过，不去计较。高山收容每一块岩石，不论其大小，故高山雄伟壮观；大海收容每一朵浪花，不论其清浊，故大海浩翰无比。宽容是一份爱心，宽容他人就是善待自己。

小提琴演奏家艾德蒙先生曾经历过这样一件事：

有一天，当他走进家门的时候，突然听到楼上的卧室里传来小提琴的声音。

“有小偷！”艾德蒙先生马上反应过来，急忙冲上楼。果然，一个大约13岁的少年正在那里摆弄小提琴。他头发蓬乱，脸庞瘦削，不合身的外套里面好像塞了些东西。艾德蒙先生用自己的身躯堵住了门口。

那少年见了艾德蒙先生，眼睛里充满了惶恐、胆怯和绝望，那是一种令艾德蒙先生非常熟悉的眼神。刹那间，艾德蒙先生想起了往事……愤怒的表情顿时被微笑所代替，他问道：

“你是丹尼斯先生的外甥琼吗？我是他的管家。前两天，丹尼斯先生说你要来，没想到来得这么快！”

那个少年先是一愣，但很快就回应说：“我舅舅出门了吗？我想先出去转转，待会儿再回来。”

艾德蒙先生点点头，然后问那位正准备将小提琴放下的少年：“你也喜欢拉小提琴吗？”

“是的，但拉得不好。”少年回答。

“那为什么不拿着琴去练习一下？我想丹尼斯先生一定很高兴听到你的琴声。”他语气平缓地说。少年疑惑地望了他一眼，还是拿起了小提琴。

临出客厅时，少年突然看见墙上挂着一张艾德蒙先生在歌德大剧院演出的巨幅彩照，身体猛然抖了一下，然后头也不回地跑远了。

艾德蒙先生确信那位少年已经明白是怎么回事了，因为没有哪一位主人会用管家的照片来装饰客厅。

那天黄昏，回到家的艾德蒙太太察觉到异常，忍不住问道：“亲爱的，你心爱的小提琴坏了吗？”

“哦，没有，我把它送给别人了。”艾德蒙先生缓缓地说道。

“送人？怎么可能！你把它当成生命中不可缺少的一部分。”艾德蒙太太有些不相信。

“亲爱的，你说的没错。但如果它能够拯救一个迷途的灵魂，我情愿这样做。”见妻子并不明白他说的话，艾德蒙先生就将事情的经过告诉了她，然后问道：“你觉得这么做有什么不对吗？”

“你是对的，希望你的行为真的能对这个孩子有所帮助。”妻子说。

三年后，在一次音乐大赛中，艾德蒙先生应邀担任决赛评委。最后，一位叫里奇的小提琴选手凭借雄厚的实力夺得了冠军。

颁奖大会结束后，里奇拿着一只小提琴匣子跑到艾德蒙先生的面前，脸色绯红地问：“艾德蒙先生，您还认识我吗？”艾德蒙先生摇摇头。

“您曾经送过我一把小提琴，我一直珍藏到了今天！”里奇热泪盈眶地说，“那时候，几乎每一个人都把我当成垃圾，我也以为自己彻底完了，但是您让我在贫穷和苦难中重新拾起了自尊，心中再次燃起了改变逆境的熊熊烈火！今天，我可以无愧地将这把小提琴还给您了……”

里奇含泪打开琴匣，艾德蒙先生一眼瞥见自己那把心爱的小提琴正静静地躺在里面。他走上前紧紧地搂住了里奇，三年前的那一幕顿时重现在艾德蒙先生的眼前，原来他就是“丹尼斯先生的外甥”！艾德蒙先生眼睛湿润了，少年果真没有让他失望。

因为宽容，艾德蒙先生成就了一个音乐奇才。可是，生活中，却很少有人能够宽容地对待自己身边的人。很多人会嫉妒，会斤斤计较，会猜忌，只要有人冒犯了自己，就会觉得很痛苦。其实，不要去挑剔与苛责，对别人宽容一些，你就能放下心中的包袱，感受到与人和平相处的快乐。

博大的心量可以稀释一切痛苦烦忧

从前有座山，山里有座庙，庙里有个小和尚，他过得很不快乐，整天为了一些鸡毛蒜皮的小事唉声叹气。

后来，他对师父说："师父啊，我总是烦恼，爱生气，请您开示开示我吧！"

老和尚说："你先去集市买一袋盐。"

小和尚把盐买回来后，老和尚吩咐道："你抓一把盐放入一杯水中，待盐溶化后，喝上一口。"

小和尚喝完后，老和尚问："味道如何？"

小和尚皱着眉头答道："又咸又苦。"

然后，老和尚又带着小和尚来到湖边，吩咐道："你把剩下的盐撒进湖里，再尝尝湖水。"

小和尚撒完盐，弯腰捧起湖水尝了尝，老和尚问道："什么味道？"

"纯净甜美。"小和尚答道。

"尝到咸味了吗？"老和尚又问。

"没有。"小和尚答道。

老和尚点了点头，微笑着对小和尚说道：“生命中的烦恼和痛苦就像盐的咸味，我们所能感受和体验的程度，取决于我们将它放在多大的容器里。”

小和尚点点头，若有所悟。

老和尚所说的容器其实就是我们的心量。心量越大烦恼越少，心量越小烦恼越多。心量小的人，容不得，忍不得，受不得，装不下大格局。有成就的人往往是那些心量宽广的人。那些“心包太虚，量周沙界”的古圣大德，都为人类留下了丰富而宝贵的精神财富。

其实，每个人一生中总会遇到许多盐粒般的痛苦，它们在苍白的“心空”下泛着清冷的白光。如果你的心量有限，就如那个不快乐的小和尚一样，只能尝到又咸又苦的盐水。

一个人的心量有多大，他的成就就有多大。不为一己之利去争斗，没有报复之心和嫉妒之念，心胸自然广阔，天地自然宽广。当我们能把一切都包容在心中时，我们的心量自然就能如大海一样广大。无论荣辱悲喜、成败得失，只要把心量放大，自然能做到宠辱不惊。

寒山禅师曾问拾得禅师：“世间有人谤我、欺我、辱我、笑我、轻我、贱我、骗我，如何处之？”拾得答道：“只要忍他、让他、避他、由他、耐他、敬他、不理他，再过几年，你且看他。”

如果说生命中的痛苦是无法预料的，那么我们唯有拓宽自己的心量，才能获得人生的快乐。通过内心的调整去适应、承受必须经历的苦难，在苦涩中拓宽自己的心量。

心量是一个可调节的“容器”，当我们只顾自己的私欲时，它就会愈缩愈小；当我们站在别人的立场上考虑时，它又会渐渐舒展开来。若事事斤斤计较，便把心局限在一个很小的框框里，这种处世心态，既轻薄了自身的能力，又轻薄了自己的品格。

心量是大还是小，在于自己愿不愿意敞开心扉。不一样的观念，格局便不一样，它可以大如宇宙，也可以小如微尘。所以，要想去除人生中的烦恼与忧愁，我们就要拥有博大的胸怀。雨果曾经说过："世界上最广阔的是海洋，比海洋更广阔的是天空，比天空更广阔的是人的胸怀。"每一个人都应该有博大的胸怀，有容人之心，唯有这样，才能受到别人的尊敬。没有博大的胸怀，坦然的大度，就不会登上事业的高峰，步入成功的殿堂。

敞开你的胸怀，用一颗宽容博大的心来经营未来，你必将拥有一个无忧无虑的人生！

不懂宽容别人，就是在折磨自己

2009年12月16日，NBA常规赛展开激烈的争夺。新泽西篮网队的后卫德文·哈里斯在客场与骑士队的比赛中，因被奥尼尔抢断而致情绪失控。于是，哈里斯在骑士队球员穆恩上篮的时候，一把搂住穆恩的脖子把他拉倒了，险些使穆恩有生命危险。然而，赛后接受采访时，穆恩却向媒体表示："我想他应该不是故意的，他很可能是冲着球去的，但是恰恰没有碰到球而已。"

曾经因为对方的犯规行为差点失去生命的穆恩用一句"他不是故意的"，化解了彼此的恩怨。是的，很多时候别人招惹你，并不是出于本意。因为在大多数情况下，人们之间并不存在什么深仇大恨，所以即使发生了冲突和矛盾，也往往是凑巧，或者是一时的冲动。

二战期间，一支部队在森林中与敌军相遇，发生激战。最后，两名来自同一个小镇的士兵与部队失去了联系。两人在森林中艰难跋涉，互相鼓励、安慰。

半个月过去了，他们仍未与部队联系上。幸运的是，他们打死了一只鹿，依靠鹿肉他们艰难地度过了几日。然而，这以后他们再也没看到任何动物，仅剩下的一些鹿肉，背在比较年轻的士兵身上。

这一天，他们在森林中遇到了敌军，不过这次两人巧妙地避开了敌军。就在他们自以为安全时，只听到一声枪响，走在前面的年轻士兵中了一枪，不过幸亏伤在肩膀上。后面的士兵惶恐地跑了过来，他害怕得语无伦次，抱起战友的身体泪流不止，赶忙把自己的衬衣撕下来包扎战友的伤口。

到了晚上，未受伤的士兵一直念叨着母亲的名字，两眼直勾勾地望着远方。两人都以为他们熬不过那一夜了，身边的鹿肉谁也没动。天亮后，部队救出了他们。

30年过去了，那位受伤的士兵说："我知道谁开的那一枪，他就是我的战友，他去年去世了。在他抱住我时，我碰到了他发热的枪管，但当晚我就宽恕了他。我知道他想独吞我身上的鹿肉，但我也知道他活下来是为了他的母亲。30年了，我装着根本不知道此事，也从不提及。战争太残酷了，他母亲还是没有等到他回来，我和他一起祭奠了老人家。他跪下来，请求我原谅他，我没让他说下去。我们又做了二十几年的朋友，我没有理由不宽恕他。"

当你放宽了心，原谅了那些曾经伤害过你的人的时候，就会发现：以前的那些让你耿耿于怀的事情根本就不算什么，根本就没有人在刻意地折磨你，是不肯宽容的你一直在折磨着你自己。

忍耐是成熟的开始

忍耐是一种宽容。法国文学大师维克多·雨果曾说过这样一句话："世界上最宽阔的是海洋，比海洋还宽阔的是天空，比天空更宽阔的是人的胸怀。"生活中，对父母的批评、朋友的误会，做过多的争辩和"反击"实不足取，唯有冷静、宽容、谅解才能让自己成熟起来。

忍耐是一种潇洒。《增广贤文》中有这样的古训："处处绿杨堪系马，家家有路到长安。"说的就是要宽厚待人，容忍非议。如果一个人事事斤斤计较、患得患失，那他一定会很累。

有位先哲曾说："人如果没有忍耐之心，生命就会被无休止的报复和仇恨所支配。"

有一天，古希腊哲学家苏格拉底和一位老朋友在雅典城里散步，他们一边走，一边聊天。

忽然有一个人莫名其妙地冲了出来，把苏格拉底打了一棍子，就匆匆逃走了。

他的朋友立刻回头要去找那个家伙算账，但却被苏格拉底拉住了，朋友问道："你怕那个人吗？"

"不，我绝不是怕他。"

"人家打了你，你都不还手吗？"

苏格拉底笑笑说："老朋友，你别生气。难道一头驴子踢你一脚，你也要还它一脚吗？"

有人说忍耐是软弱的象征，其实不然，忍耐是一种需要修行才能达到的境界。忍耐是一种高尚的美德，它能让你的内心时时充满安详与平静，也能让你轻松地赢得他人的尊重。

托尔斯泰虽然很有名，又出身贵族，却喜欢和平民百姓在一起，与他们交朋友，从不摆大作家的架子。

一次，他长途旅行时，路过一个小火车站。他想出去走走，便来到月台上。这时，一列客车正要开动，汽笛已经拉响了。托尔斯泰正在月台上慢慢走着，忽然，一位女士在列车上冲他喊道："老头儿！老头儿！快替我到候车室把我的手提包取来，我忘记提过来了。"

原来，这位女士见托尔斯泰衣着简朴，身上还沾了不少尘土，便把他当成了车站的搬运工。托尔斯泰赶忙跑进候车室拿来提包，递给了这位女士。

女士感激地说："谢谢啦！"随手递给托尔斯泰一枚硬币："这是赏给你的小费。"

托尔斯泰接过硬币，瞧了瞧，装进了口袋。

正巧，女士身边有个旅客认出了这个"搬运工"，就大声对女士叫道："太太，您知道您赏钱给谁了吗？他就是列夫·托尔斯泰呀！"

"啊！老天爷呀！"女士惊呼起来，"我这是在干什么呀！"她对托尔斯泰解释说："托尔斯泰先生，看在上帝的份儿上，请别计较！请把硬币还给我吧，我怎么会给您小费，多不好意思！"

“太太，您干吗这么激动？”托尔斯泰平静地说，“您又没干什么坏事！这个硬币是我挣来的，我得收下。”

汽笛再次长鸣，列车缓缓开动，带走了那位惶惑不安的女士。

托尔斯泰微笑着，目送列车远去，又继续他的旅行了。

如果这件事情发生在你身上，你是否能如托尔斯泰这般淡然呢？生活中有很多人都不懂得忍耐，即使遇到一点不顺心的小事，就吵吵嚷嚷，不肯放过。其实，这样做往往是对自己的折磨，因为不懂得忍耐的人往往都是爱生气的人。跟别人斗气，最终受伤害的只能是自己的身体。所以，凡事要懂得忍耐，不要让愤怒伤害自己的身心。

美国著名的神学家尼布尔有这样一句祈祷词：“上帝，请赐给我们胸襟和雅量，让我们平心静气地去接受不可改变的事实；请赐给我们智能，去区分什么是可以改变的，什么是不可以改变的。”在挫折面前，在恶劣的环境中，同样要懂得忍耐，要磨炼自己，让自己成熟起来。

用宽容化解别人的无礼

无论是在大街上，还是在朋友的客厅里，你都可能遭到别人的白眼。如果你对这种无礼的行为手足无措，那也只能哭丧着脸回家，然后自己躲在房间里生气。可是，如果你能表现出自己的宽容和大度，结果就会不同了。

曾任美国总统的福特在大学时是一名橄榄球运动员，体质非常好，所以在62岁入主白宫时，他的身体仍然非常挺拔结实。当了总统以后，他继续滑雪、打高尔夫球和网球，而且对这几项运动都很擅长。

1975年5月，他到奥地利访问。当飞机抵达萨尔茨堡，他走下舷梯时，他的皮鞋碰到一个隆起的地方，脚一滑，他就跌倒在舷梯上，还好没有受伤。但记者们竟把他这次跌倒当成一个重大新闻，大肆宣传开来。在同一天里，他又在丽希丹宫的长梯上滑倒了两次，险些跌下来。随即，一个传言散播开了：福特总统笨手笨脚，行动不灵敏。

自出访萨尔茨堡以后，福特每次跌跤、撞伤头部或者跌倒在雪地上，记者们都会添油加醋地向全世界进行报道。后来，竟然反过来，他不跌跤也变成新闻了。哥伦比亚广播公司曾这样报道说："我一直在等待着总统撞伤头部，或者扭伤胫骨，或者受点轻伤之类的新闻来吸引观众。"

记者们如此地渲染似乎想给人一种印象：福特总统是个行动笨拙的人。

喜剧演员切维·蔡斯甚至在《星期六现场直播》节目里模仿总统滑倒和跌跤的动作。

福特对别人的玩笑总是一笑了之。对于外界的评论，福特幽默地说道："我是一个活动家，活动家比任何人都容易跌跤。"

1976年3月，福特还在华盛顿广播电视记者协会的年会上和切维·蔡斯同台表演过。节目开始，蔡斯先出场。当乐队奏起"向总统致敬"的乐曲时，他"绊"了一脚，跌倒在歌舞厅的地板上，从一端滑到另一端，头部撞到讲台上。此时，每个到场的人都捧腹大笑，福特也跟着笑了起来。

轮到福特出场时，蔡斯站了起来，佯装被餐桌布缠住了，弄得碟子和其他餐具纷纷落地。蔡斯装出要把演讲稿放在乐队指挥台上，可一不留心，稿纸掉了，撒得满地都是。众人哄堂大笑，福特却满不在乎地说道："蔡斯先生，你是个非常、非常滑稽的演员。"

福特用一个睿智的玩笑化解了自己的尴尬。面对别人对自己的无礼时，福特选择了一笑置之，可见福特心胸的开阔。

生活中，难免会遇到别人对自己的非议，一个阅历丰富的人要忍受别人的无礼其实并不难。只要你心中充满包容和谅解，那么别人的非议、无礼就会变得微足道，包容它，忽略它，它就无法对你产生负面的影响了。

与人争辩，你永远不会真赢

与别人看法和意见不一致，就去跟别人争辩，这样的做法是很不明智的。在你争辩的过程当中，势必会想办法证明自己是对的，别人是错的。通常情况下，没人愿意听到别人对自己的批评和指正，所以，即使你说的是对的，对方也未必能够听得进去。再者，在争论的过程中，双方都以对方为“敌”，试图将自己的观念强加于对方而根本不把对方的意见放在眼里，最终一定会引发很多不必要的误解，伤害彼此之间的感情。

美国耶鲁大学的两位教授曾经做过一项实验。他们耗费了7年的时间，调查了种种争论的实态，例如，店员之间的争执、夫妇间的斗嘴、售货员与顾客间的吵架等，他们甚至还调查了联合国的讨论会。实验结果表明：凡是去攻击对方的人，都无法在争论中获胜。

当一个人在和你谈话时，并不是请你进行说教的，若你自作聪明，摆出一副说教的姿态，对方是不会乐意接受的。如果别人向你提出意见，但你不能赞同，那你也不可马上进行反驳，最好表示可以考虑。如果别人真的错了，又不肯接受批评或劝告时，千万别急于求成，不妨隔一两天或一个星期再向对方指出。若两个人都固执己见，甚至争吵起来，根本不会吵出个结果来，这样做反而会伤害双方的感情。

许多人因为喜欢直接向别人提意见而得罪了不少人。所以，常常有人认为不要轻易地表示出不同意见。这种看法是很片面的。其实，只要你注意表达意见的方式方法，不但不会得罪人，有时还会大受欢迎，使人有“听君一席话，胜读十年书”之感。

那么怎样在表示异议时有效地避免争论呢？大致可以从以下几方面做起：

1. 欢迎不同的意见

当你与别人的意见始终不能统一的时候，就要舍弃一方的意见。人的脑力是有限的，有些事不可能想得很全面，所以，每个人的意见都是站在某个角度上提出的，总有些可取之处。这时，你应该冷静地考虑自己和别人的意见，要么二者折中，要么二选其一。如果你采取的是别人的意见，千万别忘了向对方表示感谢，因为对方的意见可能使你避开了一个重大的错误，甚至奠定了你成功的基础。

2. 不要相信直觉

每个人都不愿意听到与自己不同的声音。当别人有不同意见时，许多人的第一个反应就是自卫，为自己的意见进行辩护，其实这完全没有必要。当遇到这种情况时，你要平心静气地、谨慎地对待自己和他人的观点，并时刻提防你的直觉影响你做出正确抉择。

值得一提的是，有的人脾气不好，听不得反对意见，一听到别人提反对意见就会暴躁起来。如果你是这样的人，就应控制自己的脾气，给别人陈述观点的机会，不然，就显得你气量太小了。

3. 耐心把话听完

当对方提出一个不同的观点时，你不能对方刚一开口就开始反驳，要让对方把话说完。这样做，一是尊重对方，二是可以更多地了解对方的观点，以判断别人的观点是否可取。在争论时，你要努力建立沟通的桥梁，使双方都完全了解对方的看法，不要造成误解。

4. 仔细考虑反对者的意见

在听完对方的话后，要仔细考虑对方的意见。如果对方提出的观点是正确的，则应放弃自己的观点，采纳对方的意见。如果在对方正确的前提下，一味地坚持己见，只会使自己处于尴尬的境地，甚至做出错误的决定。

5. 真诚对待他人

如果对方的观点是正确的，就应该积极地采纳，并主动承认自己观点的不足。这样有助于拉近双方的距离，缓和讨论的气氛。

责骂是人生的一首赞美诗

无论是在工作中，还是在生活中，如果有人责骂你，你心里一定会觉得不舒服，甚至会憎恨对方。其实，别人的责骂并不如你想象中那样总是充满恶意。相反，它有时如同一首人间的赞美诗，会指导你走好人生之路，甚至会让你受益终生。因为大多数人都是对你有所期望才会责骂你的。如果不是为了督促你，让你取得进步，干脆不管你就好了，何必跟你多费口舌而得罪你呢？

俗话说：不挨骂，长不大。如果内心不受到一番刺激，人往往会变得懈怠，容易随波逐流。只有在经受了心灵上的打击之后，我们才有可能奋起直追，超越原来的自己。

乔做服务生的时候，经常被老板毛利先生责骂。开始的时候他心里很不舒服，常常会暗地里抱怨。可是时间长了，他发现自己每次挨了骂之后都会得到一些启示，学会一些东西，所以乔总是“主动地”寻找责骂。

只要遇见了毛利先生，乔绝不会像其他怕麻烦的服务生一样逃之夭夭，他会把握机会，立刻趋身向前，向毛利先生打招呼，并请教说："早安！请问我有什么地方需要改进？"这时，毛利先生便会给他指出许多需要注意的地方，乔肯定会马上遵照他的指示改正不足。

乔之所以主动到毛利先生面前请教，是因为他深知服务生很难有机会和老板交谈。而且在老板视察自己工作的时候主动问他请教，这正是向老板推销自己的最佳时机。所以，毛利先生对乔的印象就很深刻，当他对乔有所指示时，也总是直呼乔的名字，告诉他什么地方需要注意。

乔就这样每天主动虚心向毛利请教，并持续了两年。有一天，毛利先生对乔说："我通过长期观察，发现你工作相当勤勉，值得鼓励，所以从明天开始，我请你担任大堂经理。"就这样，十九岁的服务生一下子便晋升为经理，在待遇方面也提高很多。

如果在被人责骂时，你若表现得非常紧张不安的话，对方就会认为你心存反抗，感到不舒服。换言之，静静地接受指责或聆听训斥，并保持不失礼的态度，就是在尊重对方，会给对方留下良好的印象。

如果你觉得在众人面前被人责骂是一件非常丢脸的事，并因此而产生怨恨的话，那就错了。被人责骂时，你要换个角度来想，把别人的责骂当成对你的教育和帮助，你更可以认为别人责骂你是因为他对你充满期待。

微笑是宽容最好的表达

我已经结婚18年了。在这些年里，我从早上起来到出门上班，很少对太太微笑，或对她说上几句话。我是最闷闷不乐的人。

既然你要我对微笑发表一些意见，我就决定试着微笑一个礼拜看看。因此，第二天早上梳头的时候，我就看着镜子对自己说："威尔森，你今天要把脸上的愁容赶走。你要微笑起来，现在就开始微笑。"

当我坐下来吃早餐的时候，我以"早安，亲爱的"跟太太打招呼，同时对她微笑。

出门去上班的时候，我会对大楼的电梯管理员微笑着说一声"早安"，我用微笑跟大楼门口的警卫打招呼。当地铁的出纳小姐给我换零钱的时候，我对她微笑。当我到达公司，我对那些以前从没见过我微笑的人微笑。

我很快就发现，每一个人也对我报以微笑。我以一种愉悦的态度来对待那些满肚子牢骚的人。我一面听着他们的牢骚，一面微笑着，于是问题就很容易解决了。我发现微笑可以带给我很多的益处。

上面的话是一位以前从不对人微笑的财务经理马克所说的。微笑是宝贵的财富，微笑是自信的标志，微笑是礼貌的象征。人们往往依据你的表情来获取对你的印象，从而决定对你的态度。只要时常微笑，你就会拉近与身边人的距离，你与他们的沟通也会变得顺畅。

在现实的工作或生活中，如果一个人对你满面冰霜、横眉冷对，另一个人对你面带笑容、温暖如春，他们同时向你请教一个相同的问题，你更欢迎哪一个？显然是后者，你会毫不犹豫地对他知无不言、言无不尽，而对于前者，你或许就会有意回避了。

一个面带微笑的人，远比一个穿着一套高档、华丽的衣服的人更引人注意，也更受人欢迎。因为微笑所传递的是宽容，是接纳，它缩短了人与人之间的距离，使人与人之间心心相通。喜欢微笑着面对他人的人，往往更容易取得他人的好感。难怪学者们强调："微笑是成功者的先锋。"如果说行动比语言更具有力量，那么微笑就是无声的行动，它所传达的意思是："你使我快乐，我很高兴见到你。"

常面带微笑的人，就是心中怀有希望的人。一个人的笑容就是他传递好意的信使。没有人喜欢亲近那些整天愁容满面的人，更不会信任和帮助他们。很多人获得了极好的人缘也都是因为他们常常微笑。

任何人都希望自己能给别人留下好印象，这种好印象可以创造出一种轻松愉快的交往气氛，可以使人与人之间的联系更紧密。一个人若想建立良好的人际关系，就要学会运用微笑这把打造好人缘的金钥匙。

一位电视节目主持人做了一个有趣的实验来证明微笑的魅力。

他给两个模特儿分别戴上两张一模一样的面具，上面没有任何表情。然后，他问观众最喜欢哪一个人，答案几乎一致：一个也不喜欢。因为那两张面具都没有任何表情，他们无从选择。

然后，主持人要求两个模特儿把面具拿掉。现在舞台上有两种不同的表情：一个人把手交叉在胸前，愁眉不展并且一句话也不说；另一个人脸上则洋溢着快乐的微笑。

主持人再问观众："现在，你们对哪一个人最有兴趣？"答案也是一致的，他们无一例外地选择了那个面带微笑的人。

如果你始终都能微笑着面对生活，你就能突破自身的很多局限，使生命自始至终都生机勃发。用微笑去面对身边的每一个人，你就会成为最受欢迎的人，并因此受益终生。

第九章

世界愈繁，我心愈简

幸福源自内心的简单，简单使人宁静，宁静使人幸福。简单而直爽的人常有幸福的人生。因为简单，才能在纷乱错杂中找到幸福的身影；因为简单，才能脚踏实地过好每一天。

心若简单，世界就简单

著名作家刘心武说：“在纷繁复杂的现代社会中，应该记住这样古老的真理：活得简单才能活得自由。”简单是自然的、不做作的，是一种真正大彻大悟之后的升华。

用过电脑的朋友都知道，在系统中安装的应用软件越多，电脑运行的速度就越慢。并且在电脑运行的过程中，还会有大量的垃圾文件、错误信息不断产生，若不及时清理，不仅会影响电脑的运行速度，还会造成死机甚至使整个系统瘫痪。所以必须定期地删除多余的软件，清理垃圾文件，这样才能保证电脑的正常运转。

人们的生活和电脑系统十分类似。现代人的生活越来越复杂，充斥着金钱、功名、利益的角逐，充斥着新奇和时髦的事物。被这样复杂的生活所裹挟，谁能不疲惫呢？

年轻的时候，玛丽比较贪心，什么都追求最好的，拼命地抓住每一个机会。有一段时间，她手上同时负责十三个广播节目，每天废寝忘食，她这样形容自己：“简直累得跟狗一样！”

事情都是双方面的，有一利必有一弊，事业愈做愈大，玛丽的压力也愈来愈大。到了后来，玛丽发觉自己拥有的不是乐趣，反而是一种沉重的负担。她的内心始终被一种强烈的不安全感笼罩着。

1995年“灾难”发生了，她独资经营的传播公司被恶性倒账四千万美元，交往了七年的男友和她分手……一连串的打击接踵而来。就在极度沮丧的时候，她甚至考虑结束自己的生命。

在面临崩溃之际，她向一位朋友求助：“如果我把公司关掉，我不知道我还能做什么？”朋友沉吟片刻后回答：“你什么都能做，别忘了，当初我们都是从‘零’开始的！”这句话让她恍然大悟，也让她重新鼓起勇气：“是啊！我们本来就是一无所有，既然如此，又有什么好怕的呢？”就这样念头一转，没想到在短短半个月之内，她连续接到两笔很大的业务，濒临倒闭的公司起死回生，又重新运转了起来。

玛丽历经这些挫折后，体悟到人生“无常”的一面：费尽了力气去强求，虽然勉强得到，最后留也留不住；一旦放空了，反而得到更大的能量。

玛丽为了简化生活，谢绝了许多应酬，搬离了一百五十平方米的房子，索性以公司为家，住在一个十平米不到的房间里。她淘汰掉不必要的家当，只留下一张床、一张小茶几，还有两只做伴的狗。玛丽忽然发现，原来一个人需要的其实并不多，许多附加的东西只会给人徒增无谓的负担而已。许多朋友不解地问她：“你为什么不爱自己？”她回答：“我现在是从内在爱自己。”

如果你想过一种幸福快乐的生活，就不能背负太多不必要的包袱，就要回归简单。托尔斯泰笔下的安娜·卡列尼娜以一袭简洁的黑长裙在华贵的晚宴上亮相，无比惊艳，令那些妖娆的“粉黛”颜色尽失。所以，去除烦躁与复杂，恢复本真，才能让人生释放最美丽的光芒。

简单地做人，简单地生活，按照自己的喜好安排自己的生活，就会让自己的生活更快乐。不依附权势，不贪求金钱，心静如水，无怨无争，享受简单、安宁的生活，不也是一种惬意吗？

心静，
生活自然宁静

人们总是向往过陶渊明那种“采菊东篱下，悠然见南山”的田园生活，向往过金庸小说中令狐冲那种笑傲江湖的洒脱生活。可是要知道，不管是乡村茅屋、山林海滨，人们始终逃不过自然赋予我们的一切。

如果你的心不静，即使生活在桃花源中你也不会感受到真正的幸福。想要幸福的生活，与其千辛万苦求助于外物，不如回过头来反观自己的心灵，只有内心平静下来，你才能得到真正的幸福。

正所谓“人之初，性本善”，每个人最初的本性都是善良的。人存活在世上，保持一颗原有的“初心”，去掉心灵的遮蔽，以本色天性面世，不要为世俗中成败的标准所累，不要费尽心机，不要被那些所谓的人情、规矩所约束，能哭能笑，能苦能乐，泰然自在，怡然自得，真实自然，才能避免在世俗中迷失本性。

崛多禅师游历到太原定襄县历村时，看见神秀大师的弟子结草为庵，独自坐禅。

禅师问：“你在干什么呢？”

僧人回答：“探寻清静。”

禅师问：“你是什么人？清静又为何物呢？”

僧人起立，问：“这话是什么意思？请指点。”

禅师问：“何不探寻自己的内心，何不让自己的内心清静？否则，让谁来给你清静呢？”

僧人听后，当即领悟了其中的禅理：一个人无论身处何地，只要他内心清净，就可以过得幸福。

著名的北大“未名湖畔三雅士”之一的张中行先生青年时代有着强烈的求知欲望，他无休止地探寻：生命有意义吗？如何生存才是合理的？什么是“存在”？“存在”是顺从意志的必然，还是顺应天运的必然？张中行最后求证的结论就是保持心灵的宁静，即使有人批评他，他也只是沉默。他说：“其一，这类过去的事，在心里放放无妨，翻来覆去地说就没有意思了。其二，我没有兴趣，也不愿意为爱听张家长李家短的闲人供应茶余饭后的谈资。其三，最重要的是人生实在不易，不如意事十之八九，老了，余年无几，幸而尚有一点点忆昔的力量，还是想想那十之一二为是。”

张中行的这种醒悟是原原本本的，像弘一法师坐禅时的冥想，也似丰子恺远离尘世时的冷观，同时又如闻一多、朱自清那样直面人生。

一天，释尊禅师在寂静的树林中坐禅。突然，从远方传来了一对男女的争吵声。

过了一会儿，一名女子从树林中跑了过来，她跑得太专注了，从释尊禅师面前过去，居然一点也没有发现禅师。

随后又出来一名男子，他走到释尊禅师面前，非常生气地问道：“你有没有看见一个女子经过这里？”

禅师问道：“有什么事吗？为什么你这么生气呢？”

男子愤怒地说：“那个女人偷了我的钱，我是不会放过她的！”

释尊禅师问道：“找逃走的女人与找自己，哪一个更重要？”

男子没有想到禅师会这样问，站在那里，愣住了。

“找逃走的女人与找自己，哪一个更重要？”释尊禅师又问。

男子眼睛里流露出惊喜的神色，脸上的怒气消失了，露出平静的神色。他在一瞬间醒悟了！

没错，与其跟一个追不回来的人生气，还不如让自己的内心回复宁静来得实际。

不论遇到什么烦扰，不要退入你自身的小小疆域，尤其不要使自己分心或紧张，要保持心灵的自由，冷静地看待周围的事物。你的烦恼来自于你的内心，如果心中的烦扰消除了，那么你的生活自然就变得宁静了。

放弃复杂，还原生命本色

一个樵夫上山去砍柴，看见另一个樵夫在树下躺着乘凉，忍不住问道："你为什么不去砍柴呢？"

那个人不解地问："为什么要去砍柴？"

樵夫说："砍了柴好卖钱呀。"

"那卖了钱又有什么用呢？"

"有了钱你就可以享受生活了。"樵夫满怀憧憬地说。

乘凉的樵夫笑了："那你认为我现在在做什么？我现在不就是在享受生活吗？"

在树下乘凉的樵夫没有让自己盲目地投入到紧张的生活中，他过的是一种恬静的日子——躺在树下，轻松自在地呼吸，感受生活的美好。这种简单的生活方式是多么令人向往啊。这是一种发自内心的简单与悠闲。

现代人都莫名其妙地忙碌着，被包围在各种杂事、杂务、杂念之中，一颗颗跳动的心不堪重负。也许是因为在竞争的压力下，人们丧失了内心的安全感，于是就产生各种莫名的担忧和恐惧。不知不觉中，人们已经陷入了一种恶性循环，离真正的快乐越来越远。

人们在追逐物质享受的过程中真的太累了，应该尝试放弃一些复杂的东西，还原生命的本质，让一切都回归简单。其实，生活本身并不复杂，复杂的只是人们的内心。所以，要想恢复简单的生活，必须从自己的内心开始。

心灵越纯净，力量越强大

强大的凝聚力与美好的心灵如影随形。一个人只要具有一颗质朴而美丽的心灵，就必然具有强大的人格魅力，这种魅力会像影子一样，一生追随着他。

世界上有两种人：一种人像水一样，随着地势的起伏改变着自己；另一种人则像水晶，内心晶莹透彻，但却锐利坚硬。第一种人只会让自己随着世界的变化而改变，而第二种人则会让世界因自己而改变。

有一个6岁的加拿大男孩，用一颗单纯的心改变了世界。他曾被评选为“北美洲十大少年英雄”，甚至被人称为“加拿大的灵魂”，他就是曾经被授予加拿大国家荣誉勋章的瑞恩·希里杰克。

1998年，6岁的瑞恩第一次听说非洲有很多孩子因为喝不上干净的水而死去。于是，为非洲的孩子捐献一口井成了他的梦想。

那天回到家里，他向妈妈要70加元，妈妈告诉他：“你可以通过自己的劳动来凑齐这一笔钱。比如打扫房间、清理垃圾，我会支付给你报酬。”

瑞恩迟疑了一下，最终答应了。于是，他开始通过自己的劳动挣钱。

瑞恩得到的第一个任务是清理地毯，忙活了两个多小时后他得到了两块钱的报酬。几天之后，当全家人去看电影时，瑞恩一个人留在家里擦了两个小时窗子，赚到第二个两块钱。全家人都以为瑞恩不过是心血来潮，可他却坚持了下来。

四个月后，当瑞恩把辛苦积攒的钱交给有关组织时，却得知70加元只够买一个水泵，挖一口井的实际费用大约为2000加元。瑞恩并没有因此放弃，反而更加卖力了。因为他只有一个想法，就是要尽自己所能让更多的非洲小孩喝到干净的水。

渐渐地，大家都知道了瑞恩的这个梦想。于是爷爷雇他去捡松果；暴风雪过后，邻居们请他去帮忙捡落下的树枝；瑞恩考试得了好成绩，爸爸给了他奖励；瑞恩从那时起不再买玩具……所有的这些钱，都被瑞恩放进了那个存钱的旧饼干盒里。

后来，他的故事经过媒体报道，他的名字传遍了整个国家。一个月后，在他家的邮筒里出现了一封陌生的来信，里面有一张30万元的支票，还有一张便条：“但愿我可以为你和非洲的孩子们做点儿贡献。”

如果你以为这是故事的结尾，那就错了，因为这只是开始。接下来，在不到两个月的时间里，又有上千万元的汇款来支持瑞恩的梦想。

2001年3月，“瑞恩的井”基金会正式成立。瑞恩的梦想成为千万人参加的一项事业。

事后有人问瑞恩：“你为什么要这样做呢？”

瑞恩说：“没有为什么，我只是想让他们喝到干净的水。”

“没有为什么”，一切就是如此简单，瑞恩只是听从了自己内心的召唤，并随着善良的灵魂高歌起舞而已。瑞恩这一支心灵的舞蹈，令整个世界都为之

感动。

心灵纯净的人，往往是精神潜能真正觉醒的人。他们那些美好的梦想和执着的信念具有强大的感召力他们能创造奇迹。做一个心灵纯净的人吧，虽然对于不同的人而言，会有这样或那样的难度。但只要我们用心去做，时时提醒自己要净化心灵，那么，我们就能不断过滤心里的种种杂质，让生命恢复纯净本质。

生命之舟需要轻载

有一个流浪汉，在看不见尽头的路上走得疲惫不堪。他背着一大袋沉重的沙子，腰里缠着一根装满水的粗管子，两只手分别拿着两块大石头，脖子上挂着一块大磨盘，脚腕上系着一条生锈的铁链，铁链上拴着大铁球，头上还顶着一个已腐烂发臭的大南瓜。

这个流浪汉一步一挪，吃力地走着。每走一步，脚上的铁链就发出哗啦哗啦的响声。他抱怨着，抱怨自己的命运如此悲惨，抱怨疲倦在不停地折磨着他。

正当他头顶烈日艰难地前行时，迎面走过来一个农夫。农夫问："喂，疲倦的流浪汉，为什么你不将自己手里的石头扔掉呢？"

"我真蠢，"流浪汉明白了，"我以前怎么没想到呢？"他扔掉了石头，觉得轻松了许多。

不久，他在路上又遇到一位少年。少年问他："告诉我，疲倦的流浪汉，你为什么不把头上的烂南瓜扔了呢？你为什么要拖着那么重的铁链子呢？"

流浪汉答道："我很高兴你能给我指出来。"他解开脚上的铁链子，把头上的南瓜扔到路边，这时他又觉得轻松了许多。

但当他继续往前走时，他又感到了步履的艰难。

后来，有一位老人从田里走来，见到流浪汉，十分惊异："啊，我的孩子，你扛了一口袋沙子，可一路上有的是沙子。你带了一根大水管，可你瞧，路旁就有一条清澈的小溪。"听到这些话，流浪汉又解下了大水管，倒掉了里面已经变了味的水，然后把口袋里的沙子倒进一个洞里。

突然，他看到了脖子上挂着的磨盘，意识到正是这东西使他不能直起腰来走路。于是他解下磨盘，把它扔在路上。

他卸掉了所有负担，在傍晚凉爽的微风中，寻找住宿之处。此时，他觉得自己的脚步非常轻快，心情也比原来快乐了许多。他此刻才领悟到：原来，生命是没有必要如此沉重的。

生命之舟需要轻载。生活本身就是一份责任和承担，是绝不轻松的，如果再加上不必要的心理负担，生活的压力就会更大了。因此，我们应当学会放下心理的负担，轻松简单地面对自己的生活。

每一天的生活都是一个新的开始，所以，每一天都应该轻装上阵。只有这样，我们才能感受到生活的快乐和惬意。

剔除生命中无用的东西

生命中有很多与人的本性无关的东西，这些东西对你来说也是无用的。然而你却常常会被这些东西所干扰，在歧路上越走越远，最终失去了真实的自我。

如果你能把这些无用的却时时烦扰你的东西从生命中清除出去，那你就有足够的时间来倾听自己的内心。其实，生命是属于你自己的，每个人都有一片属于自己的天空。你所要做的就是不要被别人的言论所左右，找到那片属于自己的天空，创造出属于自己的精彩。

一个皇帝想要整修京城里的一座寺庙，于是派人去找技艺高超的设计师，希望能够将寺庙整修得美丽而庄严。

大臣们找来了两组人员，其中一组是京城里很有名的工匠与画师，另外一组是几个和尚。

由于皇帝不知道到底哪一组人员的手艺比较好，于是就决定进行一番比较。皇帝要求这两组人员各自去整修一个小寺庙，三天之后，皇帝要来验收成果。

工匠与画师们向皇帝要了一百多种颜料和油漆，又要了很多工具。而让皇帝奇怪的是，和尚们居然只要了一些抹布与水桶等简单的清洁用具。

三天之后，皇帝来验收。他首先来到了工匠们所装饰的寺庙，工匠们敲锣打鼓地庆祝工程的完成。他们用了非常多的颜料，以非常精巧的手艺把寺庙装饰得五颜六色。

皇帝满意地点点头，接着他来到和尚们负责整修的寺庙。他看了一下就愣住了。和尚们所整修的寺庙没有涂上任何颜料，他们只是把所有的墙壁、桌椅、窗户擦拭得非常干净，寺庙中所有的物品都显出了它们本来的颜色。它们光亮的表面就像镜子一般，无瑕地反射出外面的色彩，那天边多变的云彩、随风摇曳的树影都变成了这个寺庙美丽色彩的一部分，这座寺庙只是宁静地接受了这一切。皇帝被这庄严的寺庙深深地感动了，当然胜负也不言自明了。

我们的心就像是一座寺庙，不需要用各种精巧的装饰来美化，我们需要的只是让内在原有的美无瑕地显现出来。

如果你珍自己的生命，请你修养自己的心灵。在纷繁的世间，去除心灵的装饰，守住自己的本色，泰然自在，怡然自得，真实自然，岂不是一大乐事？

及时清扫心灵的垃圾

清洁工每天早上都要清理人们制造的成堆的垃圾，这些有形的垃圾容易清理，而人们内心诸如烦恼、欲望、忧愁、痛苦等无形的垃圾却不容易清理了。

人们在装修房子的时候，总是会小心谨慎地制订详细的方案，研究每一个细节，墙壁的颜色、地板的质地、吊灯的造型都是不可忽视的。人们为自己的家园精心选择了最好的建材，但是在建设心灵家园的时候却不那么尽心了。虽然心灵家园比物质家园重要得多，但是很多人却出于各种原因不肯多费心思。那些恐惧、烦恼、焦虑、不安等消极情绪一旦成为心灵家园的建材，人们的心灵世界就岌岌可危了。

为了保持心灵家园的纯洁，人们必须勇敢、乐观、积极地去面对生活，并且及时进行“心灵扫除”。清扫心灵不像扫地那样简单，因为人的内心充满着挣扎与痛苦。不过，我们可以每天扫一点，慢慢地清除心灵的垃圾，但我们要经常清扫，及时去除拖累心灵的东西。

还有一个更好的扫除心灵垃圾的方法，就是用美德来充盈我们的心灵空间，让垃圾再无容身之处。

有这样一位哲学家，他带着一群学生去漫游世界。十年间，他们游历了很多国家，拜访了许多有学问的人。现在，他们回来了，个个满腹经纶。在进城之前，哲学家在郊外的一片草地上坐下来，对他的学生说："十年游历，你们都已是饱学之士，现在学业就要结束了，我们上最后一课吧！"

学生们围着哲学家坐了下来，哲学家问："现在我们坐在什么地方？"

学生们回答："现在我们坐在旷野里。"

哲学家又问："旷野里长着什么？"

学生们说："旷野里长满杂草。"

哲学家说："对，旷野里长满杂草，那该如何除掉这些杂草呢？"学生们非常惊愕，他们都没有想到，一直在探讨人性的哲学家，最后一课问的竟是这么简单的一个问题。

一个学生首先开口说："老师，只要有铲子就够了。"哲学家点点头。

另一个学生接着说："用火烧也是一种很好的办法。"哲学家微笑了一下，示意下一位。

第三个学生说："撒上石灰就会除掉所有的杂草。"

第四个学生接着说："斩草除根，只要把根挖出来就行了。"

等学生们都讲完了，哲学家站了起来，说："课就上到这里了。你们回去后，按照各自的方法除去一片杂草，一年后再来这里相聚。"

一年后，他们都来了。不过原来相聚的地方已不再是杂草丛生，它变成了一片长满谷子的庄稼地。

人在尘世间走得久了，原本洁净的心灵不可避免地会沾染上尘埃，会受到污染和蒙蔽。人的心灵就如同一个花园，需要时常呵护，时常开垦翻耕。这样才能清除心中的杂质，让自己纯净的心灵重新显现。

专注和简单一直是我的秘诀之一。
简单可能比复杂更难做到：
你必须努力厘清思路，从而使其变得简单。
但最终你会发现，这是值得的，
因为一旦你做到了，便可以创造奇迹。

/ 乔布斯 /

第十章

乐于分享，用爱拥抱当下

爱是相互的，若想在当下的生活里营造一种友爱的氛围，就应该以一颗爱心去对待身边的一切人和事。向别人传递出你的爱，你才能感受到同样的来自对方的温暖。

用爱去化解仇恨

爱是人世间最为宝贵的财富，是治疗心灵创伤的良药。一个人如果丧失了爱心，就会把自己推进冷漠的世界。

1944年冬天，德国纳粹终于被苏军赶出了苏联国土。数以百万计的德国兵成了俘虏。在莫斯科的大街上，每天都有一队队的德国战俘面容憔悴地走过。这时，所有的马路都挤满了围观者。苏军士兵和警察站在战俘和围观者之间。围观者大部分是妇女，她们中的每一个人都是战争的受害者，她们的父亲、兄弟或者儿子，都死在了战争中。她们每一个人都和德国人有着一笔血债。

因此，当俘虏们出现时，她们的双手都攥成了拳头，眼中充满仇恨。士兵和警察们竭力地阻挡着她们，害怕她们控制不住自己的情绪而伤害俘虏。

这时，令人意想不到的事情发生了。一位满脸皱纹的妇女，穿着一双战争年代破旧的长筒靴。她走到一个警察身边，希望警察能让她接近俘虏。警察同意了这个老妇人的请求。

她到了俘虏身边，从怀里掏出一个用印花方巾包裹的东西，里面是一块黑面包。她不好意思地把这块黑面包塞到了一个疲惫不堪的、眼神中透着绝望的俘虏的衣袋里。然后，她转向身后那些充满仇恨的同胞们，平和而慈祥地说："当这些人手持武器出现在战场上时，他们是我们的敌人。可当他们被解除了武装出现在街道上时，他们就是和我们一样，具有共同外形和共同人性的人。"

老妇人说完这些，就静静地离开了。空气在那一瞬间似乎凝住了，不一会儿，很多妇女便拥向俘虏，把面包、香烟等各种东西塞给他们……所有的俘虏都泪流满面，他们不敢相信这一切是真的。

当面对这些战争受害者的宽容时，那些俘虏在心中也会为了曾经的残忍而悔恨吧。这些受害者是明智的，因为如果他们以同样的仇恨去对待自己的敌人，那么即使到了最后，可能也无法将对方感化，消除彼此之间的仇恨。

爱的力量是可以传递的，恨的力量也是可以感染对方的。所以，我们若想在自己的生活里营造一种友爱的氛围，就应该以友爱的精神去对待身边的一切事物，向别人传递出我们的爱，我们才能感受到来自对方的温暖。

灵魂需要爱的滋养

爱是冬日灿烂的阳光，使寒冷的人们感到温暖；爱是沙漠中的清泉，使处于绝境的人看到希望；爱是飘荡在夜空的歌谣，使孤苦无依的人得到心灵的慰藉。爱是一盏明灯，可以照亮别人，也可以照亮自己。捧一颗爱心上路的人，一生都将生活在爱里。

每个人的心底都有一颗爱的种子，只有充分认识了这个存在于所有生命中的伟大的情感，才能以一颗真挚善良的心对待每个生命，才能摒除一切令人厌恶的偏见，抛弃固执与悲观，与别人分享自己的快乐，并感受他人的幸福。

不要吝惜自己的爱心，要先去学会爱别人，才会理解爱的力量，懂得爱的包容。特赖因曾经说过：“告诉我，在你心中有多少人值得你去爱，我便能猜测出你的生命中有多少贵人。告诉我，你对他人的爱有多么强烈，我便能知道你距离成功还有多远。”一个人的成功总是与他对别人的爱相关联的，因为对别人付出爱心通常能够给自己带来好运。

爱自己，也要爱别人，唯有如此才能体现出生命的最大价值。无论你的人生中发生了什么，你都要学会敞开心扉，真诚地去爱他人，安抚受伤的人，鼓励沮丧的人，安慰失意的人，帮助落魄的人。当你的仁爱之心像玫瑰一样散发出芬芳，当你用爱的温暖治愈了思想上的顽疾，当你用善良的微笑为他人心灵的创伤止痛，你便已经洞悉了世界上最伟大的情感——爱。

这种世界上最伟大的情感总能给你的生活带来改变。

有个女人走出家门，发现三位白胡子老人在院子里坐着，她不认识他们。

女人说："我不认识你们，但是我想你们饿了，进屋吃点东西吧。"

但是老人们说："我们是不能同时进入一个屋子里的。"

女人疑惑地问："为什么？"

于是，一位老人开始向女人介绍道："他叫财富，他是成功，我是爱。我们不能一起跟你回家，所以请你回去和你的丈夫商量一下，看看请谁到你们家作客。"

女人回去把刚才的一番话转告给她的丈夫。

丈夫很兴奋："原来是这样啊！那我们把财富请进来吧！"

但是女人反对，她说："亲爱的，我们为什么不把成功请进来呢？"

在屋子的另一边，儿子听了他们的对话之后提出自己的意见："把爱请进来不是更好吗？"

丈夫对女人说："听儿子的！快请爱进来吧。"

女人到门外询问三个老头："谁是爱？"

爱站起来走向屋子，其他两位老人跟在他后面。女人吃惊地问财富和成功："我只是请爱进去，你们为什么一起进来呢？"

这两位老人一起回答："假如你请的是我俩之中的一个，其他两个都不会跟着去的，当你把爱请进家门，不管爱到了什么地方，我俩都将跟随。"

有很多人热衷于追求财富，也有很多人迷恋于获取功名，似乎他们的生命注定要和名与利纠缠在一起。但是这个故事告诉我们，名与利并不是一切，只有爱才意味着全部。因此，世界上那些最伟大的人，从不吝啬于将自己的赞美加诸于爱之上。英国的勃朗宁曾将无爱的地球形容为可怕的坟墓，德国的席勒也告诉我们：“爱使伟大的灵魂更加伟大。”

自私的人永远体会不到分享的快乐

自私自利的人走到哪里都不会受到人们的欢迎。人们为保护自己，总是筑起一道特别的“篱笆墙”，结果，别人走不进去，自己也走不出来。这道无形的“篱笆墙”就是自私，自私这面墙只会让阳光明媚的世界变得阴暗无光。

有一句名言说：“人活着应该让别人因为你活着而得到益处。”学会给予和付出，你会感受到舍己为人、不求回报的快乐和满足。幸福犹如香水，你不可能洒向别人而自己却不沾几滴。罗曼·罗兰说得很精彩：“快乐和幸福不能靠外在的物质和虚荣来获得，而要靠自己内心的高贵和正直来赢取。”

贝尔太太是美国一位有钱的贵妇，她在亚特兰大城外修建了一座花园。花园又大又美，吸引了许多游客，他们毫无顾忌地在花园里游玩。

年轻人在绿草如茵的草坪上跳起了欢快的舞蹈，小孩子扎进花丛中捕捉蝴蝶，老人坐在池塘边垂钓。有人甚至在花园中支起了帐篷，打算在此度过他们浪漫的盛夏之夜。贝尔太太站在窗前，看着这群快乐得忘乎所以的人们，在属于她的园子里尽情地唱歌、跳舞、欢笑，她越看越生气，就吩咐仆人在园门外挂了一块牌子，上面写着：私人花园，未经允许，请勿入内。

可是这一点儿也不管用，那些人还是成群结队地走进花园游玩。贝尔太太只好让她的仆人前去阻拦，结果发生了争执，有人竟拆掉了花园的篱笆墙。

后来，贝尔太太想出了一个绝妙的主意，她让仆人把园门外的那块牌子取下来，换上了一块新牌子，上面写着：欢迎你们来此游玩，为了安全起见，本园的主人特别提醒大家，花园的草丛中有一种毒蛇。如果哪位不慎被蛇咬伤，请在半小时内采取紧急救治措施，否则性命难保。最后提示大家，离此地最近的一家医院在威尔镇，驱车大约50分钟才能到。

这真是一个绝妙的主意，那些贪玩的游客看了这块牌子后，对这座美丽的花园望而却步了。可是几年后，有人再到贝尔太太的花园去，却发现那里因为园子太大、走动的人太少而真的变得杂草丛生、毒蛇横行了。孤独、寂寞的贝尔太太守着她的大花园，却怀念着那些曾经来她园子里玩的快乐的游客。

自私自利的人就像契诃夫笔下的装在套子中的人一样，把自己严严实实地包裹起来，很容易陷入孤独与寂寞之中。自私的后果是什么呢？在封闭自己的同时，也把快乐和幸福挡在了外面。

自私是人的本性，但是要知道，我们都是社会性动物，没有谁能够独立生活。人与人之间少不了交往，我们也总有需要别人帮忙的时候。所以，不要吝啬分享你的东西，有时甚至只是小小的一杯可乐，都可以让你拥有一个朋友。

伸出援助的手

生活就好像爬山，如果前面的人能够经常回头来跟后面的人开一句玩笑，或者招招手，说一些鼓励的话，对后面的人是有很大帮助的。生活里的每一个人都是爬山的人，应该相互帮助和鼓励。如果我们遇到了那些比我们不幸的同伴，就证明我们爬在了他们的前面，此刻我们要向他们伸出援助的手，给他们鼓励和支持。

2005年深秋的一个下午，北京王府井大街地下通道里的一对求助的母子，吸引了不少路人的目光。一个四五岁的孩子躺在母亲的怀抱里，孩子身体孱弱，头部大得出奇，活动也不太方便。母亲不时地照顾着怀中的孩子，除此之外，似乎对身边的其他事物并不关心。偶尔有好心的路人给他们留下钱物，母亲也没有什么反应，表情有些茫然。

友邦保险北京分公司的营销员姚默当天碰巧路过这里，看到了这对母子，便上前询问二人的情况。原来这对母子是贵阳人，妈妈叫刘燕，孩子叫小伟。小伟出生后不久便患了脑积水。由于当地县城医院条件有限，小伟得不到很好的医治，母子俩只好到北京求医。小伟曾经在北京一家医院动过一次手术，但是后来的状况并不好。刘燕想给孩子继续治病，无奈家里的积蓄已经花光了，只好在北京街头乞讨，寻求帮助。在确定母亲所说的属实后，姚默给母子留下了一些钱，并决定为他们提供一些帮助。随后，姚默咨询了民政部门，得知按照相关政策，小伟的情况可以在当地残联得到一定的救助，于是他便把这一信息告诉了刘燕，并送母子二人回了贵阳。

然而在一年之后，姚默再次在北京王府井大街的地下通道里遇到了这对母子。原来，当地残联以小伟未满18周岁为由，并没有给他提供相应的救助。在这一年中，小伟的病情逐渐加重，由于脑部受到积水挤压，影响了身体发育，四肢不能正常活动，连进食都非常艰难。之前为小伟动过手术的大夫告诉刘燕，目前找不到更好的办法，劝她放弃治疗。但刘燕不想放弃，她坚信有一天小伟会康复，能像其他孩子一样，自己吃饭，自己玩耍。

同样身为母亲的姚默被刘燕深深打动了，她再次联系了民政部门、红十字会等机构，但得到的答复都是“达不到申请救助的标准”，她只好向公司寻求帮助。

公司的同事们得知这一情况后，也被小伟的不幸遭遇所打动，纷纷伸出了援助之手。通过姚默的多方联系，北京天坛医院为小伟重新做了一次检查，并准备制订进一步的治疗方案。在公司和同事的帮助下，姚默开始在中保网和博客上筹划小伟的“爱心专栏”，呼吁更多的好心人为小伟提供帮助。

一个人的力量是渺小的，可是如果每个人都能对那些处于困境中的同伴伸出援手，那么大家凝聚在一起的力量就是巨大的。

尽管我们自己的路途并不一定是顺利的，可是一旦发现了掉队的同伴，就应该大喊一声“加油”，并且主动伸出援助之手，给他们精神上的鼓励，给他们战胜一切困难的信心。

不要吝啬你的鼓励

有这样一则故事：

一个驯兽师在训练鲸鱼跳高，开始的时候他先把绳子放在水面下，使鲸鱼不得不从绳子上方通过。鲸鱼每次经过绳子上方就会得到奖励，它会得到鱼吃，会有人拍拍它并和它玩，训兽师以此对这只鲸鱼表示鼓励。当鲸鱼从绳子的上方通过的次数逐渐多于从绳子的下方经过的次数时，训练师就会把绳子提高，只不过提高的幅度很小，不至于让鲸鱼因为过多的失败而沮丧。

训练师慢慢地把绳子提高，一次一次地鼓励，鲸鱼也跳得越来越高。最后，鲸鱼竟然跳过了世界纪录。

鼓励的力量让这只鲸鱼越过的高度打破了世界纪录。一只鲸鱼如此，对于人类来说更是这样，鼓励、赞赏和肯定会使一个人的潜能得到最大限度的发挥。可事实上，很多人与训练师相反，他们起初就给别人定出相当的高度，一旦别人达不到目标，就大声地批评，从不给予鼓励。

观众的掌声对赛场上的运动员有没有好处呢？答案是肯定的。每个运动员都知道，赛场上天时、地利、人和都是非常重要的。观众的鼓励和热情是支持运动员取胜最重要的力量之一。每个运动员都承认，观众的鼓励使他们感觉自己受到了尊重，从而情绪激动、斗志昂扬。

同样的道理，在日常生活中，鼓励也是很有用的。在家庭里，夫妻应该彼此鼓励，父母与子女应该彼此鼓励，在工作中，老板和员工更应该彼此鼓励，在交往中，朋友之间也应彼此鼓励。一句鼓励的话就能抚慰一颗受伤的心灵，一句鼓励的话就能让人倍感温暖。

亨利·汉克是印第安纳州洛威市一家卡车经销公司的经理。公司有一个名叫希尔的工人，工作成绩愈来愈差。但亨利·汉克并没有责骂他，而是把他叫到办公室，跟他进行了坦诚的交谈。

汉克说："希尔，你知道吗，你是个很棒的技工。你在这里工作有好几年了，你修的车子很令顾客满意。有很多人都称赞你的技术好。可是最近，你完成一件工作所需的时间却加长了，而且你的质量也比不上以前了。也许我们可以一起来想个办法解决这个问题。"

听了这番话，希尔有些惭愧，他向汉克保证，他以后一定改进，最后他也确实那样做了。

不要吝啬你的鼓励！一句鼓励的话，会给失意的人带来前行的动力，有的时候，甚至可能会让他人终生受益。

每个人都有可能遇到生活的考验，在别人经历风雨的时候，及时给别人一些安慰和鼓励，就能让别人走出暂时的低迷。在同学考试没考好的时候，送上一句"下次努力，你的成绩肯定会很好的"；在同事遇到困难时，送上一句"你平时那么棒，这些困难算什么"。多给别人一些鼓励，就能给别人带来一丝温暖。

每一个角落都在等待阳光的照耀，每一个人都需要心灵的滋养。为别人鼓掌喝彩，就是尊重别人的价值，让别人获得一分温情。也许他就像是一只煅烧失败、一出世就遭冷落的瓷器，没有凝脂般的釉色，没有精致的花纹，无法被人藏于香阁。但是，你对他的安慰和鼓励，就可能给他一片灿烂的艳阳天。

吝啬是内心的贫穷

人们在日常生活中肯定会碰到一些吝啬的人，人们对于这些人的评价大多都是负面的。罗素说过，吝啬比其他任何东西更能阻止人们过自由而高尚的生活。这就是告诉人们，一定要摒弃吝啬的不良习惯。

有个勤劳而忠实的男孩叫汤姆，他一个人住在一间小屋子里，并且拥有村庄里最美丽的一个花园。小汤姆有很多的朋友，其中有一个叫汤恩的磨坊主。

汤恩是个很富有的人，他总自称是小汤姆最忠厚的朋友。因此他每次来到小汤姆的花园时，都以好朋友的身份拎走一大篮子美丽的鲜花。在水果成熟的季节他还会拿走许多水果。

汤恩经常说："真正的朋友就该分享一切。"但他自己却从来没有给过小汤姆任何东西。

冬天的时候，小汤姆的花园枯萎了。"忠厚的朋友"汤恩从来没去看望过孤独、寒冷、饥饿的小汤姆。

汤恩在家里对他的家人说："冬天去看小汤姆是不恰当

的，人们经受困难的时候心情烦躁，这时候必须让他们拥有一份宁静，去打扰他们是不好的。而春天来的时候就不一样了，小汤姆花园里的花都开放了，我从他那里采回一大篮子鲜花，我会让他多么高兴啊。”

汤恩天真无邪的儿子问他：“爸爸，为什么不让小汤姆到咱们家来呢？我会把我的好吃的、好玩的都分给他一半。”

没想到汤恩却被儿子的话气坏了，他怒斥这个孩子，说他白白上了学，仍然什么都不懂。他说：“如果小汤姆来到我们家，看到了我们烧得暖烘烘的火炉、我们丰盛的晚饭以及我们甜美的红葡萄酒，他就会心生妒意，而嫉妒则是友谊的大敌。”

磨坊主汤恩的高论让我们看到了吝啬者的丑恶嘴脸。吝啬者金钱、财富都不缺，然而他们的灵魂、精神却是贫穷的。

因此，人们要远离吝啬的魔鬼，走出吝啬的灰暗，学会与人分享。学会给予，才能收获幸福；懂得付出，才能收获回报。

要敢于请求别人帮助

一个人的才能和力量总是有限的，很多时候我们都需要别人的帮助才能完成自己的任务。在战场上，如果你不去请求别人的帮助就会使自己处于孤立无援的境地，就有可能失去城池甚至是自己的生命。因此，请求别人帮助没有什么好羞愧的。

一个小男孩在沙滩上玩耍，他身边有一些玩具——小汽车、货车、塑料水桶和塑料铲子。他在松软的沙堆上修筑公路和隧道时，发现一块很大的岩石挡住了去路。

小男孩开始挖掘岩石周围的沙子，企图把岩石从泥沙中弄出去。他是个很小的孩子，岩石对他来说却相当巨大。他手脚并用，费尽了力气，岩石却纹丝不动。小男孩下定决心，用手推，用肩挤，左摇右晃，一次又一次地向岩石发起冲击。可是，每当他刚把岩石搬动一点点的时候，岩石便又随着他的松懈而滚回原地。小男孩气得直叫唤，使出吃奶的力气猛推猛挤。但是，他得到的唯一回报便是岩石滚回来时砸伤了他的手指。最后，他筋疲力尽，坐在沙滩上伤心地哭了起来。

整个过程，他的父亲在不远处看得一清二楚。当泪珠滚过小男孩的脸庞时，父亲来到了他的跟前。父亲的话温和而坚定："儿子，你为什么不用上所有的力量呢？"

男孩抽泣着说道："爸爸，我已经用尽全力了，我已经用尽了我所有的力量！"

"不对，"父亲亲切地纠正道，"儿子，你并没有用尽你所有的力量。你没有请求我的帮助。"说完，父亲弯下腰，抱起岩石，将岩石扔到了远处。

这个故事就是要告诉人们，在尽了自己最大的努力仍然不能完成任务时，请求别人的帮助往往会是更好的选择。可是在现实生活里，很多人却不愿主动请求别人的帮助，觉得寻求别人的帮助会显得自己无能或者会给别人添麻烦。

克契到佛光禅师那里学禅有很长一段时间了。克契为人很客气，他遇事总会想办法自己解决，尽可能不去麻烦别人，就连修行也是一个人闷着头默默地进行。

一天，佛光禅师问克契："你来我这儿也有12个年头了，有没有什么问题？要不要坐下来聊聊？"

克契连忙回答："禅师您已经很忙了，学僧怎好随便打扰呢？"

时光荏苒，岁月如梭，一转眼，又是三个秋冬过去了。这天，佛光禅师在路上碰到克契，又有意指点他，主动问道："克契啊！你在参禅修道上可有遇到什么问题吗？有的话就要开口问。"

克契答道："禅师您那么忙，学僧不好耽误您的时间！"

一年后，克契经过佛光禅师的禅房，禅师再次对克契说道："克契你过来，今天我有空，不妨进禅室来谈谈禅道。"

克契赶忙合掌施礼，不好意思地说："禅师很忙，我怎能随便浪费您的时间呢。"

佛光禅师知道克契过分谦虚，这样的话，再怎样参禅也是无法开悟的，得采取更直接的措施不可了。所以当佛光禅师再次遇到克契的时候，便对克契说：“学道坐禅，要不断参究，你为何老是不来问我呢？”

克契仍然应道：“老禅师，您那么忙，学僧实在是不敢打扰！”

这时，佛光禅师大声喝道：“忙！忙！我究竟是为谁在忙呢？除了别人，我也可以为你忙呀！”

佛光禅师这一句“我也可以为你忙”的话，顿时让克契如梦初醒。

个人的力量是有限的，只有善假于物，必要的时候请求别人的帮助才能事半功倍。若想在困难的时候得到别人的帮助，你平时就要去关心别人，做到心中有他人。给人适当的关心，会让人对你产生信任感，当你有困难的时候，别人也会给你及时的帮助。

第十一章

懂得放弃，才能更好地拥有

舍弃是一种选择，更是一种睿智。明智的放弃胜过盲目的执着。舍弃驱散了乌云，清扫了心房，它让你不盲从、不迷失、不狭隘。当你能够睿智而坦然地放弃的时候，你的生命就得到了升华，你的灵魂也将得到重生。

存心舍弃，会有加倍的获得

《百喻经》里有这样一个故事：

一只猩猩手里抓着一把豆子，高高兴兴地在路上一蹦一跳地走着。一不留神，有一颗豆子从它的指缝中滚落到地上。猩猩马上将手中其余的豆子全部放在路旁，去找那颗掉落的豆子。它趴在地上，转来转去，东寻西找，却始终不见那颗豆子的踪影。最后猩猩只好用手拍拍身上的灰尘，回头准备去取原先放在路旁的豆子。谁知原先的那一把豆子全都被路旁的鸡鸭吃得一颗也不剩了。

对某些事物的追求，如果缺乏智慧的判断，只是一味地投入，不也像故事中的猩猩一样，只是顾及掉落的一颗豆子，最终却发现损失的竟是所有的豆子！想想你现在的追求，是否也是放弃了手中的一切，仅仅为了找到掉落的那一颗豆子？

第二次世界大战的硝烟刚刚散尽，以美、英、法为首的战胜国几经磋商，决定在美国纽约成立一个协调处理世界事务的联合国。一切准备就绪后，大家才发现，竟没有建办公大楼的土地。听到这一消息后，美国著名的财团洛克菲勒家族经商议后，决定出资870万美元在纽约买下一块地皮，将它无条件地赠送给联合国。同时，洛克菲勒家族亦将这块地皮周围的大面积土地全部买下。

这条消息传出后，美国许多财团和地产商都纷纷嘲笑他。但出人意料的是，联合国大楼刚刚建成，它四周的地价便立刻飙升起来，相当于捐赠款数十倍、数百倍的巨额财富源源不断地涌进了洛克菲勒家族财团，这让当初那些嘲笑他们的人追悔莫及。

放弃是智者面对生活的明智选择，是一种量力而行的睿智，更是一种顾全大局的果敢。它不盲目、不狭隘，它对心灵来说是一种滋润，它驱散了乌云，它清扫了心房。放弃并不完全代表着失败和气馁，明智的放弃是为了更好地得到。

抛开个人的私心 才能做出正确的判断

人们在对事物进行评价的时候，常常遵循个人的喜好：自己喜欢的，或者能够给自己带来好处的，就认为它是好的；自己不喜欢的，或者不能给自己带来好处反而可能会带来伤害的，就以为它是坏的。可是，个人的喜好并不能成为评价事物好坏的标准。只有先抛开个人的喜好，静下心来，心平气和地对事物进行充分的调查、了解和分析，才能做出准确的判断。

在善恶的分辨上，人们不能仅仅站在自己的立场、戴着有色眼镜来评判，以个人私心论善恶是非常狭隘的。

德国诗人歌德曾说："真理就像上帝一样。我们看不见它的本来面目，我们必须通过它的许多表现而猜测到它的存在。"真理往往混杂在一堆假象里，因此，人们往往对不了解的事容易做出错误的判断。

人们之所以需要事先进行全面而深刻地了解和分析，在很大的程度上，是因为很多事情并不是表面看上去那样简单。

两个旅行中的天使到一个富有的家庭借宿。这家人对他们并不友好，并且拒绝让他们在舒适的客房里过夜，而是把他们安排在冰冷的地下室的一个角落。当他们铺床时，较老的天使发现墙上有一个洞，就顺手把它修补好了。年轻的天使问为什么，老天使答道："有些事并不像它看上去的那样。"

第二晚，两人到了一个非常贫穷的农家借宿。主人夫妇对他们非常热情，把仅有的一点儿食物拿出来款待客人，然后又让出自己的床铺给两个天使。第二天一早，两个天使发现农夫和他的妻子在哭泣，原来他们唯一的生活来源——那头奶牛死了。

年轻的天使非常愤怒，他质问老天使为什么会这样，第一个家庭什么都有，老天使还帮助他们修补墙洞，第二个家庭如此贫穷，却还是热情款待客人，而老天使却没有阻止奶牛的死亡。

"有些事并不像它看上去的那样。"老天使答道，"当我们在地下室过夜时，我从墙洞看到墙里面堆满了古人藏在那里的金块。因为主人被贪欲所迷惑，不愿意分享他的财富，所以我把墙洞补上了。昨天晚上，死亡之神来召唤农夫的妻子，我让奶牛代替了她。所以，有些事并不像它看上去的那样。"

年轻的天使为什么抱怨呢？因为他是以两家对待他们的态度来评判老天使的做法。然而，他的判断恰好与事实相反。

真理并不是那么轻而易举就能被人们掌握的。很多事情就如上面的故事一样，并不像它们看上去的那样简单。善恶亦是如此，即使在全面了解事物的前提下，人们也没有资格来判定善恶。

不要为错过而惋惜

人生有一种痛苦叫错过。生活中一些美好、珍贵的东西，常常与我们失之交臂。这时，我们总会因为错过而感到遗憾和痛苦。其实，喜欢一样东西不一定非要得到它，俗话说：“得不到的东西永远是最好的。”当你为美好的事物心醉时，远远地欣赏它或许是最明智的选择，错过它或许还会给你带来意想不到的收获。

哈佛大学要在中国招收一名学生，其所有的留学费用由美国政府全额提供。初试结束了，有30名学生成为候选人。

考试结束后的第10天是面试的日子。30名学生及其家长云集锦江饭店等待面试。当主考官劳伦斯·金出现在饭店的大厅时，一下子被大家围了起来，他们用流利的英语向他问候，有的人甚至迫不及待地向他作自我介绍。这时，只有一名学生，由于起身晚了一步，没来得及围上去。等他想接近主考官时，主考官的周围已经是水泄不通了，根本没有插空的可能。

于是，他错过了接近主考官的大好机会，开始有些懊丧起来。正在这时，他看见一个异国女人有些落寞地站在大厅一角，茫然地望着窗外。他想：身在异国的她是不是遇到了什么麻烦，不知自己能不能帮上忙？于是他走过去，彬彬有礼地和她打招呼，然后向她作了自我介绍，最后他问道："夫人，您有什么需要我帮助的吗？"接下来两个人聊得非常投机。

后来这名学生被劳伦斯·金选中了。在30名候选人中，他的成绩并不是最好的，而且面试前他错过了跟主考官套近乎、加深自己在主考官心目中印象的最佳机会，但是他却无心插柳柳成荫。原来，那位异国女人正是劳伦斯·金的夫人。

这件事曾经引起很多人的震动，原来错过了美丽，收获的并不一定是遗憾，有时可能是圆满。

许多的事情，可能只有经历过的人才会懂得。比如感情，痛过了之后才会懂得如何保护自己，傻过了之后才会懂得适时地放弃。在得到与失去的过程中，我们慢慢地认识自己。其实，生活并不需要无谓的执着，学会放弃，生活才会更轻松！

幸福往往就在一拿一放之间

在人的一生中，左右为难的情形时常会出现：比如，两份同具诱惑力的工作、两个优秀的追求者，面对这些，人们不知该如何抉择。为了得到其中“一半”，你必须放弃另外“一半”。若过多地权衡，患得患失，到头来只会两手空空，一无所得。你不必为放弃的那“一半”感到悲伤，能抓住人生“一半”的美好已经很不容易了。

两个朋友一同去参观动物园。动物园非常大，他们的时间有限，不可能参观所有的地方。他们便约定：不走回头路，每到一处路口，就选择其中一个方向前进。

第一个路口出现在眼前时，路标上标明一侧通往狮子园，一侧通往老虎山。他们琢磨了一下，选择了狮子园，因为狮子是“草原之王”。又到一处路口，分别通向熊猫馆和孔雀馆，他们选择了熊猫馆，毕竟熊猫是“国宝”……

他们一边走，一边选择。每选择一次，就放弃一次，遗憾一次。因为时间不等人，但如果不这样做他们的遗憾将会更多。只有迅速做出选择，才能减少遗憾，得到更多的收获。

人在做选择时，必须要有理性、睿智和远见卓识，不可鼠目寸光，不可急功近利，更不可本末倒置、因小失大。选择不是一锤子的买卖，你不能因为一粒芝麻丢了西瓜，也不能因为留恋一棵小树而失去整片的森林。

很多时候，人们总是想选择这个，却又害怕错过那个，于是拿起来又放下，到最后一刻还在犹豫。如果迟迟下不了决心，或者在选择之后，又来回地更改，在这样患得患失间耽搁了不少时间，浪费了不少精力，最后可能两个都会错过。世界上没有十全十美的东西，任何事物都会有自身的优缺点。所以，当你选择之后就要坚信自己的判断，不要再患得患失。

人生中，有些东西看似诱人，但如果不适合自己，就要果断舍弃。你在做出选择时，要视自身条件和具体情况而定，要有主见，不能人云亦云。无论我们怎样审慎地选择，人生终归都不会是尽善尽美的，总会留有缺憾。

在社会大舞台上，每个人都是自己生活的编导兼演员，只有学会正确地选择，果敢地舍弃，才能演绎出精彩的人生。

紧紧攥住黑暗的人永远看不到阳光

很多人都希望自己获得更多，却不愿意放开自己已经获得的东西。可是，生活常常是这样的：如果不舍弃黑暗，就看不到阳光；如果不舍弃小的利益，就换不来更大的收获。

1984年以前，青岛海尔电冰箱总厂主要生产单缸洗衣机，那时候的电器是按照一等品、二等品、三等品、等外品来进行分类的。因为在那个时候，中国刚刚改革开放，产品供不应求，只要还能用，产品就可以堂而皇之地送出厂，而且绝对有市场，不用担心卖不掉。实在卖不出去的产品，就分配给一些员工自用，或者送货上门半价卖掉。

然而在1985年4月，事情发生了改变。当时，张瑞敏收到一封客户的投诉信，说海尔冰箱的质量有问题。于是，张瑞敏来到工厂的仓库，对400多台冰箱全部做了检查，发现有76台冰箱不合格。为此，恼火的张瑞敏质问检查部："你们看看这批冰箱怎么处理？"检查部说："既然已经这样，就内部处理掉算了。因为以前出现这种情况都是这么办的，而且大多数员工家里都没有冰箱，即使冰箱有一些质量上的问题他们也不会介意。”张瑞敏说：“如果这样的话，就是说以后还允许再生产这样的不合格冰箱。这样吧，你们检查部门搞一个劣质产品展览会。”于是，检查部就搞了两个大展室，在展室里面摆放上那些劣质的零部件和劣质的76台冰箱，并通知全厂职工都来参观。员工们参观完以后，张瑞敏问生产这些冰箱的责任者和中层领导：“你们看怎么办？”结果大多数人的意见还是比较一致，都是说内部处理了算了。

但是，张瑞敏却坚持说：“这些冰箱必须就地销毁。”他顺手拿了一把大锤，照着一台冰箱就砸了过去，把这台冰箱砸得稀巴烂，然后又把大锤交给了责任者。转眼之间，76台冰箱全都被销毁了。

当时，在场的每一个人都流泪了。虽然一台冰箱当时才800多元，但是，员工每个月的工资才40多块钱，一台冰箱就是他们两年的工资！

可是经过这件事情，员工们树立起了一种观念：谁生产了不合格的产品，谁就是不合格的员工。员工们的生产责任心迅速增强，他们在每一个生产环节都不敢马虎了。“精细化，零缺陷”成为全体员工发自内心的追求，企业奠定了扎实的质量管理基础。

如果当年海尔人都攥着眼前的利益不放，不肯砸烂那些不合格的冰箱，就不会有海尔集团日后的崛起，更不会有如今的声誉。可见，只有肯舍弃的人，才可能获得更多。那些紧紧攥着手里的东西不放的人，只能是故步自封，得不到更好的发展。

不舍弃鲜花的绚丽，就得不到果实的香甜

曾有人写过这样一首小诗：

不舍弃鲜花的绚丽，
就得不到果实的香甜；
不舍弃黑夜的温馨，
就得不到朝日的明艳。

自然界是这样，人生也是如此。在几十年的漫漫旅途中，有山有水，有风有雨，有舍弃“绚丽”和“温馨”的烦恼，也有获得“香甜”和“明艳”的喜悦。人生就在舍弃和获得的交替中得到升华。从这个意义上来说，获得很美丽，舍弃也很美丽。

其实，人生的“口袋”容量有限，人们前进的行程就是一个不断舍弃的过程。没有舍弃，人们就可能被不断加重的包袱压得喘不过气来。

拉斐尔11岁那年，一有机会便去湖心岛钓鱼。在鲈鱼钓猎开禁前的一天傍晚，他和妈妈又早早来钓鱼。装好诱饵后，他将渔线一次次甩向湖心，湖水在落日余晖下泛起一圈圈的涟漪。

忽然钓竿的另一头沉重起来，他知道一定有大家伙上钩，急忙收起渔线。终于，拉斐尔小心翼翼地把一条竭力挣扎的鱼拉出水面。好大的鱼啊！

这是一条鲈鱼。月光下，鱼鳃一吐一纳地翕动着。妈妈打亮小电筒看看表，已是晚上十点——但距允许钓猎鲈鱼的时间还差两个小时。

“你得把它放回去，儿子。”妈妈说。

“妈妈！”拉斐尔哭了。

“还会有别的鱼的。”妈妈安慰他。

“再没有这么大的鱼了。”拉斐尔伤感不已。

他环视了一下四周，已经看不到任何鱼艇或钓鱼的人，但他从妈妈坚决的表情中看出她的决定无可更改。夜色中，那只鲈鱼抖动着硕大的身躯慢慢游向湖水深处。

后来拉斐尔成为了纽约市著名的建筑师。他确实再也没有钓到过那么大的鱼，但他却为此终生感谢妈妈，因为他通过自己的诚实、勤奋、守法，猎取到了生活中的大鱼——事业上成绩斐然。

有人说，人生之难胜过逆水行舟，此话不假。人生在世，不如意的事情占十之八九，获得和舍弃的矛盾时刻困扰着人们。明白了舍弃之道和获得之法，并运用于生活，人们就能从无尽的烦恼中解脱出来，从而在人生的道路上进退自如。

不知是哪一位哲人说过，人生最远的距离是“知”和“行”。“有舍弃才有获得”的道理谁都懂得，可是要真正做到，就没那么容易了。因为面对外面精彩的世界，舍弃是件痛苦的事情。花花世界，万千诱惑，若欲望太盛，什么都想得到，人心自会受到蒙蔽，到头来可能什么都得不到。

在这个世界上，为什么有的人活得轻松，而有的人活得沉重呢？因为前者取时拿得起，舍时放得下。而后者总是拿得起，却放不下，所以才会沉重。其实，人生路上，只有丢弃负累，轻装前行，才能活得更加洒脱。

抛弃束缚你的经验

考门夫人在《荒漠甘泉》一书中写道：“我们一生最得意的纪念，最宝贵的经历，最可夸的生理，最有效的侍奉，常会被后来的软弱、失败、跌倒、灰心、冷淡、退缩等吞噬。许多成大事的人，结局往往都是如此。想起也觉得可怕。虽然是事实，但并非无法避免。戈登说：要避免这种悲剧，只有一个稳妥的方法，那就是时时与神有新鲜的接触。”

有宗教信仰的人，会把人生的希望寄托于神明。可是不管是有神论者还是无神论者都可能会遇到这样的难题：曾经的记忆禁锢了自己的思想，以往积累的经验没有帮助我们进步，反而限制了我们朝着更好的方向发展。

古希腊的一位哲人在风烛残年之际，知道自己时日不多了，就想考验和点化一下他那位平时看来很不错的助手。他把助手叫到床前，说：“我的蜡所剩不多了，得找另一根蜡接着点下去，你明白我的意思吗？”

“明白，”那位助手赶忙说，“您的思想是得很好地传承下去……”

“可是，”哲人不慌不忙地说，“我需要一位最优秀的传承者，他不但要有相当的智慧，还必须有充分的信心和非凡的勇气……你帮我寻找一位这样的传承者好吗？”

“我一定竭尽全力。”助手答道。

哲人笑了笑。

那位忠诚而勤奋的助手，不辞辛劳地通过各种渠道开始帮哲人寻找传承者。可他找来的人都被哲人否定了。

一次，当那位助手再次无功而返时，病入膏肓的哲人硬撑着坐起来，说道：“真是辛苦你了，不过，你找来的那些人其实都不如……”

“我一定加倍努力，”助手恳切地说，“找遍五湖四海，我也要把最优秀的传承人找到。”哲人听了笑笑，不再说话。

半年之后，哲人眼看就要告别人世，最优秀的传承人选还是没有找到。助手非常惭愧：“我真对不起您，令您失望了！”

“失望的是我，对不起的却是你自己，”哲人很失意地闭上眼睛，停顿了许久，才又不无哀怨地说，“本来，最优秀的就是你自己，只是你被以前的经验蒙蔽了双眼，不敢相信自己，才会忽略了自己……其实，每个人都是最优秀的，差别就在于如何认识自己，如何发掘和重用自己……”哲人就这样永远地离开了这个世界。

那位助手后悔莫及，以至于自责了整个后半生。

这位助手一直用过去的经验来评价现在的自己，所以他丧失了传承哲人衣钵的好机会。

在生活中，有很多人会犯和那位助手一样的错误。我们都习惯于用过去的经验来评定自己，比如，过去曾把一件事情做得很好，那么再次遇到同样的事情，就以为凭借原来的经验也可以做得很好，过去没尝试过的或者曾经令自己失败的事物，再次面对的时候仍然缺乏信心……过去的思维总是限制着我们重新认识现在的自己，所以以往的那些经验并不一定总是有利于我们的发展。有利的经验，我们要吸取，但是对于那些可能阻碍未来发展的经验，我们就要大胆地摒弃。如果实在分不清什么是有益的，什么是有害的，那就应该及时地把自己清零，每天都以一个崭新的自己来面对生活。

第十二章

惜缘惜福，温暖当下的心田

生活是杯，福分是水，可是如果杯子里只有一半的水，我们是应该注意满的部分还是未满的部分呢？都不是。我们需要的是用自己的平安和喜乐续杯，直到杯子里的幸福溢满为止。

幸福是一种心境

我们每天都要经历不同的事情，随着事情发展的好坏，我们的心情会跟着起伏。于是，从表面上来看，是事情在影响着我们的心情。但是，事情的存在是客观的，不论心情好坏，我们都不可能让已经发生的事情消失或者发生改变。我们所谓的“好”与“坏”，不过是自己对事物做出的评价。好的程度，坏的程度，也是按照心情来衡量的；事情对我们产生的影响，也是通过自己的内心来判断的。我们内心的判断，决定了我们的态度、心情甚至命运。

我们对待生活的态度，取决于自己的内心。同样，生活带给我们的影响，也取决于我们的内心。如果内心是悲观的、消极的，那么我们从生活中接收到的信息就会是伤感的、痛苦的；如果内心是乐观的、积极的，那么我们从生活中接收到的信息就会是幸福的、快乐的。

有一位哲学家，当他是单身汉的时候，和几个朋友一起住在一间小屋里。尽管生活非常不便，但是，他总是觉得自己很快乐，很幸福。

有人问他：“那么多人挤在一起，连转个身都困难，这样的生活也能算幸福吗？”

哲学家说：“和朋友们在一块儿，随时都可以交流思想，这难道不是一种幸福吗？”

过了一段时间，朋友们一个个相继成家了，先后搬了出去。屋子里只剩下了哲学家一个人，但是他每天仍然活得很快乐。

那个人又问：“你一个人孤孤单单的，这样的生活你还觉得幸福吗？”

哲学家说：“我有很多书啊！一本书就是一个老师。和这么多老师在一起，时时刻刻都可以向它们请教，这怎能不让人觉得幸福呢？”

几年后，哲学家也成了家，搬进了一栋居民里。这栋大楼有七层，他的家在最底层。底层挨着垃圾道，在这栋楼里的环境是最差的。那个人见他还是一副自得其乐的样子，好奇地问：“你住这样的房子，也感到幸福吗？”

哲学家回答说：“是呀！你不知道住一楼有多少妙处啊！比如：进门就是家，不用爬很高的楼梯；搬东西方便，不必费很大的劲儿……让我感到特别满意的是，我还可以在空地上养些花。这些乐趣呀，真是数之不尽啊！”

后来，那个人遇到哲学家的学生，问道：“你的老师总是觉得自己很幸福，可我却觉得，他每次所处的环境并不那么好呀。”

学生笑着说：“决定一个人幸福与否的，不是环境，而是心境。”

福由心生，我们的心灵就如同一块磁石。积极乐观的心灵，吸引过来的总是幸福和快乐；消极悲观的心灵，吸引过来的总是伤感和悲痛。幸运的人，并不是命运的天平总是倾向于他们，而是他们在内心里不停地呼唤好运，所以最终获得了好运；不幸的人，总是一遍又一遍报怨生活，这样本来并不悲惨的生活，却因为他们的抱怨、沮丧变得乱七八糟了。

祸福相依，困境中蕴藏着机遇和幸福

生活中，每个人都会遇到挫折，遭受苦难。面对这些困境，有的人会不战自败，他们捶胸顿足、怨天尤人，却从未想过战胜困境。这样的人永远也无法走出困境，走向成功。

真正的成大事者，会在逆境中满怀希望，同时，以积极的态度去面对困境，主动在困境中寻找暗藏的幸福。即使前进的道路坎坷不平，布满荆棘，他们也绝不后退，并会一直坚持走向成功的终点。

贝多芬在青年成名之后，逐渐成长为一名优秀的音乐家，创作了数以百计的音乐作品。但是从1816年起，贝多芬的健康状况越来越差，后来他的耳病复发，不久就失聪了。

作为一个音乐家，如果失去了听觉，就意味着将要离开自己喜爱的音乐艺术，这个打击对贝多芬而言简直比判了死刑还要痛苦。但是，贝多芬并没有向命运屈服，他开始了与命运的抗争。除了作曲外，贝多芬还想担任乐队指挥。结果，第一次预演时，他指挥的节奏比台上乐队的演奏慢了许多，这让乐队成员感到无所适从。当别人将“不要再指挥下去了”的纸条传给他时，贝多芬顿时脸色发白，内心的痛苦无以复加。

但贝多芬没有放弃。他极力克服耳聋带给他的困难。耳朵听不到，他就拿一根木棍，一头咬在嘴里，一头插在钢琴的共鸣箱里，用这种办法来感受声音的振动。这样，他不仅创作出了比过去更多、更优秀的音乐作品，还能登台担任指挥了。

1824年的一天，贝多芬指挥他的《第九交响乐》，结果博得了全场的一致喝彩，场上一共响起了五次热烈的掌声。然而，他根本一次都无法听到。直到一位女歌唱家把他拉到前台时，他才看见全场观众纷纷起立热烈鼓掌的样子。这种狂热的场面，让贝多芬激动不已。

贝多芬的一生波澜壮阔，就像他说过的那样：“我将扼住命运的咽喉，它绝不能使我屈服！”

“祸福相依”最能说明痛苦与快乐的辩证关系，在困境中同样孕育着机遇和幸福。贝多芬“用泪水播种欢乐”的人生体验，生动形象地道出了痛苦的正面作用。传奇人物艾柯卡的经历也很生动地阐明了快乐与痛苦的内在联系。

艾柯卡靠自己的奋斗当上了福特公司的总经理。可是，1978年7月13日，有点得意忘形的艾柯卡被老板亨利·福特开除了。在福特工作了32年，当了8年总经理，一向一帆风顺的艾柯卡突然间失业了。艾柯卡痛不欲生，认为自己要彻底崩溃了，于是他开始酗酒。

可就在这时，艾柯卡接受了一个新的挑战——到濒临破产的克莱斯勒汽车公司出任总经理。凭着自己的智慧、胆识和魄力，艾柯卡大刀阔斧地对克莱斯勒进行了整顿、改革，并设法向政府求援。他舌战国会议员，争取到了巨额银行贷款，开始重振企业雄风。

在艾柯卡的领导下，克莱斯勒公司在最黑暗的日子里推出了K型车计划。此计划的成功令克莱斯勒汽车公司起死回生，成为了仅次于通用汽车公司、福特汽车公司的第三大汽车公司。

1983年7月13日，艾柯卡把面额高达813亿美元的支票交到银行代表手里。至此，克莱斯勒汽车公司还清了所有债务。而就在5年前的这一天，亨利·福特开除了他。事后，艾柯卡深有感触地说：“奋力向前，哪怕时运不济；永不绝望，哪怕天崩地裂。”

不经历痛苦，又怎能体会到幸福和快乐？痛苦就像一枚青青的橄榄，品尝后才知道它的甘甜。当然，品尝也是需要勇气的。其实，要想拥有幸福非常简单，那就是：少一分欲望，多一分自信。在身处绝境时，要懂得苦中求乐，要懂得咬牙坚持。

痛苦过后，终会迎来甘甜

在疾病中战胜病魔，在奄奄一息中战胜死亡，在逆境中战胜困难，这些都是人生真正的胜利。尽管在争取胜利的过程中，人们可能要承受很大的痛苦，可是等到胜利之后，那份来自精神上的喜悦会让人忘记最初的痛苦。

1985年，美国女孩辛蒂还在医科大学念书。有一次，她到山上散步，带回了一些蚜虫。她拿起杀虫剂，为蚜虫去除化学污染，突然，她感觉到一阵痉挛。原本她以为，那只是暂时性的症状，谁料，她的后半生从此陷入不幸。

杀虫剂内所含的某种化学成分使辛蒂的免疫系统遭到了破坏，香水、洗发水等日常生活中接触的化学物质她都会过敏，连空气也可能使她的支气管发炎。这种“多重化学物质过敏症”到目前为止仍无药可医。

最初几年，她一直流口水，尿液也变成了绿色，有毒汗水的刺激使她背部出现了一块块疤痕。她甚至不能睡在经过防火处理的床垫上，否则就会引发心悸和四肢抽搐。后来，她的丈夫用钢和玻璃为她盖了一所无毒房屋——一个足以逃避所有威胁的“世外桃源”。辛蒂所有吃的、喝的都得经过特殊处理，她平时只能喝蒸馏水，食物中也不能含有任何化学物质。

很多年过去了，辛蒂看不到一棵花草，听不见一声悠扬的歌声，感受不到阳光和微风。她躲在没有任何装饰物的小屋里，饱尝孤独之余还不能哭泣，因为她的眼泪跟汗液一样也是有毒的化学物质。

然而，坚强的辛蒂并没有在痛苦中自暴自弃。她一直在为自己，同时也为所有化学污染物的牺牲者争取权益。1986年，她创立了“环境接触研究网”，以便为那些致力于此类病症的研究人士提供一个窗口。1994年辛蒂又与另一个组织合作，创建了“化学物质伤害资讯网”，向人们介绍化学物质的危害。目前，这一资讯网已有来自32个国家的5000多名会员，网站不仅发行了刊物，还得到了来自美国、欧盟及联合国的大力支持。

在面对记者的采访时，辛蒂说：“如果是曾经的苦难换回了今天的成绩，那么我所承受的一切痛苦都是值得的。”

很多人抱怨苦难，是因为他们没有体会到战胜困难之后的喜悦。真正能够有所成就的人，是不会惧怕生活的考验的。

上帝总是在给予人们痛苦之后才赠予人们甘甜。所以，如果你还在困境之中，千万不要放弃当下战胜困难的机会。当你实现了最终的胜利，得到了精神上的喜悦时，就会像辛蒂一样，对曾经承受的苦难报以感谢了。

换个角度，就能发现幸福的所在

生活上的打击常常会使人沮丧，这个时候，受打击的人会觉得自己的力量是微弱的，很多人会被悲观与失望吞噬，抱怨命运的不公。其实，如果换个角度，就能发现幸福的所在。

一位50多岁的男士去找心理医生咨询。他的意志看起来很消沉，他对心理医生说，他完了，没有任何希望了。他告诉心理医生，他费尽一生心血赢得的所有东西都没了。

"所有？"心埋医生问他。

"所有！一切都没了，没有任何希望了，而且我太老了，不可能重新开始。我对生活一点信心都没有了。"那位50多岁的男士说道。

心理医生能理解他的想法，也很同情他。但他的主要问题是被绝望操控了内心，看不到任何希望。在这个消极的想法后面，他剩下的只有一个软弱无力的躯壳。

心理医生拿出一张纸，让他把剩余的财产写下来。他叹了口气，说："没用了，我想我已经告诉过你了，我什么也没剩下。”

心理医生问他：“你太太还跟你在一起吗？”

“是的，我们的感情一直都很好。不管事情有多糟她都不会离开我。”那位男士说道。

“好，那我们把这个记下来——你太太还跟你在一起，而且不管发生什么事，她都不会离开你。你有小孩吗？”心理医生问道。

“有啊！”那位男士的眼睛一亮，“我的三个孩子都棒极了。我每次都被他们感动得不行。他们会走到我面前说：‘爸爸，我们爱你，我们会一直和你站在一起。’”

“那么，这就是第二项了——三个爱你、愿意站在你身旁的子女。”心理医生继续说，“你有朋友吗？”

“有，”他一点也没有犹豫，“我有几个很不错的朋友。他们会来看我，然后说他们想要帮我，但是他们帮不了我。”

“那就有第三项了——你有一些愿意帮你而且尊重你的朋友。那你是否正直诚实呢？你有没有做过什么错事？”心理医生问道。

“我确实正直诚实，这一点没问题，”他回答，“我一直坚持走正道，一直坚守我的良知。”那位男士说道。

“好。我们把这个列入第四项——正直诚实。那你的健康呢？”心理医生接着问。

“我很少生病，我觉得我的身体状况还不错。”那人说。

“现在已经是第五项了——身体良好。现在，”心理医生说，“我们把列出的资产看一遍：

1．一个好太太——不管发生什么都不会离开你。

2．三个爱你、愿意站在你身旁的子女。

3．一些愿意帮你而且尊重你的朋友。

4．正直诚实，没做过什么错事。

5．身体状况良好。”

心理医生把这张纸放到他的面前："我还以为你真像先前告诉我的那样一无所有呢，原来你还有很多资产。"

那位男士显得有些不好意思了，他笑道："真没想到，从这个角度来看，事情真的还没有那么糟糕。"

生活中，人们常常会被悲观遮住了双眼，看不到自己拥有的幸福。可是，看不到不等于不存在。当人们换一种角度看待生活的时候，原来的阴霾就会烟消云散了。

抽点时间
与心灵对话

生活中的每一次成败得失，每一次悲欢离合，都需要我们用心慢慢地体会、感悟。如果我们的心是暖的，我们看到的就会是灿烂的阳光、晶莹的露珠、五彩缤纷的落英和随风飘散的白云，我们感受到的就会是天堂般的快乐。如果心冷了，那么再炽热的烈火也无法给我们的世界带来温暖，我们的眼中就会充斥着无边的黑暗、冰封的山谷，我们感受到的只会是残垣断壁般的凄凉。

在忙碌的工作和生活之余，我们一定要留出时间来经常跟自己的心灵对话，倾听来自于心底的声音，让浮躁繁杂的内心得到安宁。

一个人被苦恼缠身，于是四处寻找解脱的秘诀。

有一天，他来到一个山脚下，看见在一片绿草丛中有一个牧童骑在牛背上，吹着横笛，逍遥自在。他走上前问："你看起来很快活，能教给我解脱苦恼的方法吗？"

牧童说："当我骑在牛背上，笛子一吹，什么烦恼都没有了。”

他试了试，却无济于事。于是，他继续寻找。

不久，他来到一个山洞里，看见一个老人独坐在洞中，面带满足的微笑。他深深鞠了一个躬，向老人说明来意。

老人问道：“这么说你是来寻求解脱的？”

他说：“是的！恳请不吝赐教。”

老人笑着问：“有谁捆住你了吗？”

“没有。”那人答道。

“既然没有人捆住你，何谈解脱呢？”

他蓦然醒悟。

从来没有什么东西能够束缚住我们的心灵，除了我们自己。与其苦苦为困惑的心灵寻求出路，还不如给心灵松绑，让心灵在自由之中感受快乐。

懂得知足，随时都会有幸福相伴

渴望荣华富贵的人，永远都不会满足。他们每天都在不停地追逐和奔波，但是何时能够达到自己理想的生活状态呢？他们并不知晓。

可是，难道只有拥有荣华富贵的人才幸福吗？人们不停地忙碌着，追逐幸福，可是什么时候才能到达终点，静下心来享受人生的乐趣呢？知足的人会告诉你：随时。你随时都可以感受到来自生活的幸福，前提是你得懂得知足。用积极乐观的心态去面对生活，即使经历苦难，也能做到心满意足。

有一位盲人在剧院欣赏一场音乐会。交响乐时而凝重低缓，时而明快热烈。盲人惊喜地拉着身边的人说：“我看见了！我看见了山川，看见了花草，看见了光明的世界和七彩的人生……”

一个失聪的男孩，在画展上欣赏着一幅幅作品，他仔细地看着，目不转睛，神情专注。忽然，他转过身来，微笑着大声对旁边的父母说：“我听到了！我听到了小鸟在歌唱，听到了瀑布的轰鸣，还有风儿呼啸的声音……”

有些人在心理上和生理上都经受着巨大的折磨，可他们的内心却是满足的，因为他们学会了抛开眼前的不幸，看到了自己所拥有的。

也许，在生活中，你的那一点挫折跟他们相比，真的算不了什么，可是为什么你还在一直抱怨呢？原因就在于，你一直在用悲观的心态面对这个世界，你的内心充满了消极的想法，所以你才看不到这个世界上的其他乐趣。其实，只要你摒弃内心的悲观和消极，你也可以感到心满意足。

何必等待，当下即可快乐

如果你遇到了挫折，遭到了失败，心情低落到了极点，那就先让自己冷静下来，把自己的挫折和失败都写在一张纸上吧。当然，你还要找出一张纸，列出可能让你感到快乐的事情，比如，你长得漂亮、你的身体很健康、你的家人对你很好，等等。紧接着，你就可以将两张纸进行对比了。这个时候，你就会发现，让你快乐的理由远远多于让你悲伤的理由。

多年以前，一个女孩因为错手伤人而坐了牢。尽管后来被释放，她仍然很痛苦，就到教堂去祷告，希望上帝能够分担她的痛苦。看到女孩一脸悲伤，一位牧师问她发生了什么事。这个女孩泣不成声地说："我好惨啊，我太不幸了，我这一辈子都忘不了这件事了……"

听完了女孩的陈述，牧师对她说："这位小姐，你是自愿坐牢的。"

女孩被牧师的话吓了一跳，说："你说什么？我怎么可能自愿坐牢？"

牧师对她说：“尽管你已经从牢里出来了，但你的心，天天被关在牢里，那你不是自愿坐在心中的牢里吗？”

“这是什么意思？”女孩不解地问。

“你天天在脑中回放这件往事，不是在给自己增加痛苦吗？你改变不了环境，但你可以改变自己；你改变不了事实，但你可以改变态度；你改变不了过去，但你可以改变现在；你不能控制他人，但你可以掌控自己；你不能预知明天，但你可以把握今天；你不可能样样顺利，但你可以事事尽心；你不能延伸生命的长度，但你可以决定生命的宽度；你不能左右天气，但你可以改变心情……”

生活本身已经有那么多问题了，如果你又在脑子里提炼出那么多的不快乐，那你就是在增加自己的心理负荷。我们每天都要面对许多无法预测的事情，还要给自己制造不快乐，这难道不是一种愚蠢的行为吗？

缘起缘灭，缘浓缘淡，
不是我们能够控制的。
我们能做到的，
是在因缘际会的时侯
好好地珍惜那短暂的时光。

/ 张小娴 /

第十三章

做好当下的自己，赢取美好的未来

美好的人生开始于人们心中的想象，你希望做什么事，就能成为什么人。如果你在心里为自己画一幅失败的画像，那么，你必将远离胜利；相反，为自己画一幅获胜的画像，你与成功即可不期而遇。

挖掘
自己的潜能

世界最伟大的成功学大师卡耐基说："大多数人都拥有自己不了解的能力，都有可能做到曾梦想的事情。"在生活中，很多人都以为自己能力有限，许多事都不敢进行尝试。其实，每个人身上都隐藏着无穷无尽的潜能，只要在恰当的时机发挥这些潜能，你就能做出令自己都无法想象的事情来。

小山真美子是生活在日本札幌的一位年轻妈妈，她的身材矮小。有一天，她在楼下晒衣服，突然发现她4岁的儿子从8楼的家里掉了下来。见此情景，她飞奔过去，赶在孩子落地之前将孩子接在了怀里。两个人仅仅受了一点轻伤。

这条消息在《读卖新闻》发表后，引起了日本盛田俱乐部的一位法籍田径教练布雷默的兴趣。因为根据报纸上刊出的示意图，他算了一下，从20米外的地方接住从25.6米的高处落下的物体，必须跑出约9.65米每秒的速度，而这是一个无人能及的短跑速度！

为此，布雷默专门找到小山真美子，问她那天怎么跑得那么快。“是对孩子的爱”，小山这样回答，“因为我不能看到他受到伤害！”小山的回答给了布雷默一个重要的启示：人的潜力其实是没有极限的，只要你拥有一个足够强烈的动机！

布雷默回到法国后，专门成立了一家“小山田径俱乐部”，把小山的故事作为激励运动员突破自我极限的动力。结果，一位名叫沃勒的运动员在世界田径锦标赛上获得了800米比赛的冠军。记者问他是怎样在强手如林的比赛中夺冠的，沃勒回答说：“是小山真美子的故事启发了我。因为当我在跑道上飞跑时，我就想象着我就是小山真美子，在飞奔去救自己的孩子！

小山真美子能创造短跑奇迹，靠的是她刹那间迸发出来的巨大潜力。沃勒800米比赛夺魁，靠的是小山真美子救子的激励。可见，人的潜能是无穷的。

在生活中，很多人总是在否定自己：我学历那么低，怎么敢应聘那家公司；我长得不够漂亮，他怎么会喜欢我；我表达能力不好，怎么敢在会议上发言；我五音不全，怎么好意思在大家面前唱歌……事实上，你虽然没有别人英俊潇洒，但你可能身强体壮；你虽然不会琴棋书画，但你可能思维敏捷，逻辑清晰……所以你一定要做自己的伯乐，挖掘自己的潜能。

生命蕴藏着巨大的潜能，这种潜能是自己无法估量的。对自己的生命拥有热爱之情，对自己的潜能抱着肯定的想法，这样，你就会爆发出前所未有的能量，创造令人惊奇的成绩。

一心一意地做好一件事

一位成功的企业家曾经说过："如果你能专注地制作好一枚针，应该比你制造出一台粗陋的蒸汽机赚到的钱多。"对一个领域百分之百精通，要比对一百个领域各精通百分之一强得多。一个拥有一项专业技能的人，要比那些样样不精的多面手更容易获得成功。

重庆煤炭集团永荣电厂的罗国洲，是一名有着30年工龄的老员工。从烧锅炉的工人到司炉长，到班长，再到大班长，他一直深爱着陪伴他成长的锅炉运行岗位。就是在这个岗位上，他当上了锅炉技师，成为国内远近闻名的锅炉"点火大王"和锅炉"找漏高手"。就是在这个岗位上，他感受到了一名工人技师的荣耀和自豪。

罗国洲有一副"神耳"：只要围着锅炉转上一圈，他就能在炉内的风声、水声、燃烧声和其他声音中，准确地辨别出锅炉内哪个部位的管子有泄漏声；往表盘前一坐，他就能在各种参数的细微变化中，准确地判断出哪个部位有泄漏点。

除了找漏，罗国洲还练就了一手锅炉点火、锅炉燃烧调整的绝活儿。在用火、压火、配风、启停等多方面，他都有独到的见解。锅炉飞灰回燃不畅，他便提出技术改造和加强投运管理的建议，他的建议实施后飞灰平均含碳量降低到8％以下，锅炉热效率提高了4％，每年为企业节约32万元。

针对锅炉传统除灰方式存在的问题，罗国洲提出了“恒料层”运行的建议，解决了负荷大起大落的问题，使标准煤耗下降了0.4克／千瓦时，每年为企业节约200多万元。

一个人的精力和时间都是有限的，任何人都不可能成为无所不知、无所不能的超人。

明朝的刘基曾在《郁离子》一书中写道：“人能一其心，何不知之有哉？”意思就是，人如果能够专心致志，那么什么事情办不到呢？聪明的人懂得专注的重要性，他们做事的时候，坚决不会分散自己的精力。只有这样做，才能心无旁骛并最终取得成功。

凡是大学者、大科学家，无一不是因为一心一意做事取得成功的。

法布尔是法国著名昆虫学家、文学家，被世人称为“昆虫界的荷马”。他为了研究昆虫，花费了一生的时间如醉如痴地观察昆虫的习性。

一天，他趴在地上，用放大镜观察蚂蚁搬死苍蝇，一连看了三四个小时，以致周围挤满了人。有人还说他是个“怪人”，可他全然不知。

又有一次，他爬上果树观看蜣螂的活动入了迷，直到树下有人叫“抓小偷”，他才从昆虫王国的迷梦中惊醒过来。

还有一天的大清早，他在路上散步，忽然听见蛐蛐的叫声，于是他循着声音来到一块石头旁，轻轻地躺下，观察蛐蛐的活动。几个农夫早晨去摘葡萄就看见了他，到黄昏收工时，他们看见法布尔还躺在那里。他们实在不明白，这个人怎么花了一天的时间，只看一块石头，简直是中了邪！他们不知道，法布尔在观察石头旁的蛐蛐呢。其实，为了观察昆虫，法布尔不知度过了多少个这样的日日夜夜。

生活中有这样一类人：他们看到一部文学作品在社会上引起强烈反响，就想学习文学创作；看到电脑专业在科研中应用广泛，就想学习电脑技术；看到外语在对外交往中起到重要作用，又想学习外语……由于他们只想“速成”，一旦遇到困难，便失去信心，打退堂鼓，到最后哪一种技能也没学成。这类人与明朝边贡《赠尚子》一诗的描述非常相似：“少年学书复学剑，老大蹉跎双鬓白。”意思是说，有的年轻人刚要坐下学习书本知识，又要去学习击剑，如此浮躁，时光匆匆溜掉，到头来只落得个白发苍苍，一无所成。

把精力聚焦于一个目标，然后用尽全力去奋斗，你才会品尝到甘甜的果实！生活的法则无数次告诉人们，那些具有非凡毅力和顽强意志的人，不屈不挠地执着追求，终会取得成功，赢得别人的尊敬。

要心存希望地看待未来

1937年，露西的丈夫死了，她非常难过，对生活失去了信心。露西写信给她以前的老板李奥罗区先生，希望能回去做她以前的工作——推销世界百科全书。两年前，她丈夫生病的时候，她把汽车卖了。现在她勉强凑足钱，分期付款才买了一部旧车，又开始出去卖书了。

露西原本想，再回去工作或许可以帮她脱离困境。可是要一个人开车，又要一个人吃饭，这几乎令她无法忍受。她一直没做出什么成绩来。虽然分期付款买车的数目不大，但她却很难付清。

1938年的春天，露西在密苏里州的维沙里市做推销，可那里的学校都很穷，路也不好走，很难找到客户。那时，她觉得成功是遥不可及的，活着也没有什么希望。每天早上她都很怕起床面对生活。她什么都怕，怕付不起分期付款的车钱，怕付不起房租，怕没有足够的东西吃，怕她的健康状况变糟而没有钱看医生……有一次，她甚至想要自杀。让露西没有自杀的唯一理由是，她担心她的姐姐会因此而难过，而且她姐姐也没有足够的钱来支付她的丧葬费用，她不想给姐姐增加负担。

然而，有一天，露西读到一篇文章，让她从消沉中重新振作了起来，使她有勇气继续活下去。她永远感激那篇文章里一句很令人振奋的话：“对一个聪明人来说，太阳每天都是新的。”她把这句话打印出来，贴在她车子前面的挡风玻璃上，这样，她在开车的时候，就能看见这句话。于是，她学会忘记过去，每天早上都对自己说：“今天又是新的一天。”

露西成功地克服了对孤寂和生存的恐惧。她现在很快乐，也还算成功，并对生命保持着热爱。她现在知道，不论碰到什么事情，都不要害怕；她现在知道，不必害怕未来；她现在知道，自己以前曾那么愚蠢，而“对一个聪明人来说，太阳每天都是新的”。

在日常生活中，我们可能会碰到令人兴奋的事情，同样也会碰到令人悲伤的事情。这本来是正常现象，可如果我们总是把心思放在那些不如意的事情上，就很容易失去前进的动力。因此，我们要相信每天的太阳都是新的，要对未来充满希望。

泰戈尔在《飞鸟集》中写道：“只管走过去，不要逗留，也不要去采花朵来保存，因为一路上，花朵会继续开放的。”的确，昨日的阳光再美或者风雨再大，也移不到今日的画册中来，我们为何不好好把握现在，充满希望地面对未来呢？

为自己设想一个好的结果

很多时候，人们做事情的动力来自于心理的暗示。如果我们心里想着一件好事，就可能会有一个好结果，那么我们在做事情的时候就会很开心，也会很有激情。可是如果在开始的时候我们就告诉自己，这是一件很糟糕的事情，即使是做了，也不会有什么好的结果，那么我们的信心就会受到打击，也会因为失望而丧失了做事情的动力。所以，我们做任何事之前，都要先预想一个好的结果，有了对好结果的期待，我们就会信心百倍，成功的可能性也会更大。

一个人是否能成功，关键在于他的心态是否积极。前世界拳击冠军乔·弗列勒每战必胜的秘诀是：参加比赛的前一天，他总会在天花板上贴上自己的座右铭——“我一定能赢！”

一天晚上，在一条偏僻的公路上，一个年轻人的汽车轮胎爆了。年轻人下来翻遍工具箱，也没有找到千斤顶，而没有千斤顶，是换不成轮胎的。怎么办？这条路半天都没有一辆车经过。他远远望见一座亮灯的房子，决定去那个人家借千斤顶。

在路上，年轻人不停地想：

要是没有人来开门怎么办?

要是没有千斤顶怎么办?

要是那家伙有千斤顶，却不肯借给我，那该怎么办?

……

顺着这种思路想下去，他越想越生气。当房子的主人刚打开门，他冲着人家说：“你那千斤顶有什么稀罕的！”

主人如丈二的和尚摸不着头脑，认为他是一个精神病人，“砰”的一声就把门关上了。

做事前，就害怕自己会失败，自然难以成功了。世界著名的走钢索选手卡尔·华伦达曾说：“在钢索上才是我真正的人生，其他都只是等待。”他总是以这种非常有信心的态度来走钢索，每一次都非常成功。但是1978年，他在波多黎各表演时，从25米高的钢索上掉下来，摔死了，令人不可思议。后来他的太太说出了原因：在表演前的3个月，华伦达开始怀疑自己，“这次可能会掉下来。”他时常问太太：“万一掉下去怎么办？”在波多黎各表演时，他花了很多精力避免自己掉下来，结果就失败了。

做任何事，我们不要先担心失败，要想到成功，要想办法把“会失败”的想法排除掉。

付出努力，让梦想照进现实

生活中，大多数人都心怀理想，可是很多人都不曾实现自己的理想。这是因为他们在追求理想的过程中，总是被困难和挫折所吓倒，不能及时地调整自己。

60多年前，在美国的旧金山，一位演员喜得贵子。由于父亲是演员，这个男孩从小就有了跑龙套的机会，他渐渐产生了当一名演员的梦想。可由于身体虚弱，父亲便让他拜师习武来强身健体。1961年，他考入华盛顿州立大学主修哲学。后来，他像所有平常人一样结婚生子。但在心底，他从未放弃过当一名演员的梦想。

一天，他与朋友谈到梦想时，随手在一张便笺上写下了这样一段话：

“我，布鲁斯·李，将会成为全美国最高薪酬的超级巨星。作为回报，我将奉献出最激动人心、最具震撼力的演出。从1970年开始，我将会赢得世界性声誉。到1980年，我将会拥有1000万美元的财富，那时候我和家人将会过上愉快、幸福的生活。”

当时，他还穷困潦倒。可以预料，如果这张便笺被别人看到，肯定会引来别人的白眼和嘲笑。然而，他却牢记着便笺上的每一个字，克服了无数常人难以想象的困难。一次，他曾因脊背神经受伤，在床上躺了4个月，但后来他却奇迹般地站了起来。

1971年，他主演的《猛龙过江》等几部电影都刷新了香港票房纪录。1972年，他主演了香港嘉禾公司与美国华纳公司合作的《龙争虎斗》，这部电影使他成为了一名国际巨星，他被誉为“功夫之王”。

1998年，美国《时代》周刊将他评为“20世纪英雄偶像”之一，他也是唯一入选的华人。

他就是“最被欧洲人认识的亚洲人”——李小龙，一个迄今为止在世界上享誉最高的华人明星。

1973年7月，李小龙英年早逝。在美国加州举行的李小龙遗物拍卖会上，这张便笺被一位收藏家以29万美元的高价买走。同时，2000份获准合法复印的副本也被抢购一空。

和李小龙一样，人们在追逐理想的过程中，肯定要承受莫大的压力和挫折，只有坚持不懈的人，才能够走向最终的胜利。

生活中，很多人都对未来抱有幻想，希望有一个美好的明天，而且也在为这个美好的明天做着准备。可是，“美好的明天”不会无缘无故地向我们走来，它需要我们以坚定的意志、积极的心态和必胜的信心去争取。所以，不管我们遭遇多大的困难，如果还寄希望于明天，就一定要坚持自己的理想，持之以恒地追求下去。

没有行动，再美好的愿望也只是空想

有一位老教授，一生爱好收藏，早年收藏了许多价值连城的古董。他的老伴很早就死了，留下了三个孩子。孩子长大后出国，很少回来看他。孩子不在身边，老人一直很寂寞。不过，所幸还有一个学生经常来陪着他。

许多人都说："这个年轻人放着自己的正事不干，成天陪着老人，好像很孝顺的样子，他这样做都是为了得到老人死后的遗产！"

老教授的孩子们也常从国外打电话回来，叮嘱老教授务必小心，千万不要被骗。

"我当然知道，"老教授总是这么说，"我又不是傻瓜。"

后来老教授死了。律师宣读遗嘱时，三个孩子都从国外赶了回来，长期照顾老教授的那一位学生也来到了现场。

遗嘱宣读之后，三个孩子的脸都绿了，因为老教授居然把大部分的收藏都留给了那个学生。

同时，老人在遗嘱上向孩子们解释着："我知道他可能看上了我的古董收藏。但是，在我寂寞的晚年，只有他才是真正照顾我的人！孩子们尽管爱我，但只是说在嘴里、挂在心上，却从没有实际行动。就算我这位学生的热心都是假的，但是，他这样陪我、照顾我十几年，连句怨言都没有，这是你们都没有做到的。”

诚如老人所说，只把一切都挂在嘴上却从不付出实际行动的人是多么地不真诚啊。

虽然在做事情的时候没有必要提前宣布，但你必须要在行动中实现自己的愿望。尽管付出行动有时候并不能让你达成愿望，但是没有行动，愿望就只能是空想，它永远都不可能实现。

有个一贫如洗的年轻人总是想摆脱贫穷，但又不想付诸行动。于是，他每隔三两天就到教堂祈祷，而且他的祷告词几乎每次都相同。

第一次他到教堂时，跪在圣坛前，虔诚地低语：“上帝啊，请念在我多年来敬畏您的份上，让我中一次彩票吧！”

几天后，他又垂头丧气地来到教堂，同样跪着祈祷：“上帝啊，为何不让我中彩票？我愿意更谦卑地来服侍您，求您让我中一次彩票吧！”

又过了几天，他再次出现在教堂，重复着他的祈祷。如此周而复始，他不断地祈祷着。

到了最后一次，他跪着说：“我的上帝，您为什么不倾听我的祈求呢？让我中彩票吧！只要中一次，让我解决所有困难，我愿终生专心侍奉您。”

就在这时，圣坛上空发出了声音：“我一直在倾听你的祷告。可是——最起码，你也该先去买一张彩票吧！”

现实生活中没有如此愚蠢的事，但却有如此愚蠢的人。心中有好的想法却不愿行动起来，类似的事情在你身上也可能发生。想想你是不是常常渴望成功，却没有为成功做出过一丝一毫的努力呢？

要成功，光有美好的愿望是不够的，你还必须拥有不达目的誓不罢休的决心，坚持到底，方能成功。只有下定决心，不懈奋斗，才有资格摘下成功的甜美果实。

大多数的人，在一开始时都拥有很远大的梦想，却同故事中那位祈祷者一样，从未为梦想采取过什么实际行动。缺乏决心与实际行动的梦想，只能渐渐萎缩。你也会因此而不思进取，过着得过且过的平庸生活。

了解了一些成功哲学后，你是否愿意在此刻为自己的理想下定追求到底的决心，并且马上付诸行动呢?

如果静坐不动，成功永远不会光临

如果你静坐不动，注定不会有成功降临在你的头上。所以，如果你还在为自己的才华而沾沾自喜，如果你还在抱怨老板“有眼无珠”，那么你可能已经错失了与成功相遇的机缘。成功的人，有了想法就积极主动地采取行动，哪怕是失败了也不会失掉尝试的勇气；而不成功的人，总是守着空想的城堡，将所有的理想都寄托在没有实际行动的梦幻里。

英国前首相本杰明·笛斯瑞利指出：虽然行动不一定能带来令人满意的结果，但不采取行动就绝无满意的结果可言——你需要的不只是梦想，你还需要付出切切实实的努力。如果光有好的想法，却一直静坐不动，等待机会的光临，那么你永远都没办法接近成功。

有一位名叫莱温的美国女孩，她的父亲是芝加哥有名的牙科医生，母亲是一所大学的教授。她从念中学的时候起，就一直梦想着成为一名电视节目主持人。她觉得自己具有这方面的天赋，因为每当她和别人相处时，即使是陌生人也都愿意亲近她并和她长谈。她的家庭背景对她有很大的帮助，她完全有机会实现自己的理想。

但是，她没有为这个理想做任何事情！她在等待奇迹出现，希望一下子就能成为电视节目的主持人。

莱温不切实际地期待着，整天幻想着会发生什么奇迹，可是奇迹一直也没有出现。

另一个名叫露丝的女孩却实现了莱温的理想，成了著名的电视节目主持人。露丝知道“天下没有免费的午餐”，一切成功都要靠自己努力去争取。她不像莱温那样有可靠的经济来源，她白天去打工，晚上在大学的艺术系上夜校。毕业之后，她开始谋职，跑遍了芝加哥每一个广播电台和电视台。但是，每个经理对她的答复都差不多：“没有工作经验的人，我们一般不会雇用。”然而露丝没有退缩，也没有等待，而是继续寻找机会。她仔细阅读广播电视方面的杂志，最后终于看到一则招聘广告：北达科他州有一家很小的电视台招聘一名天气预报员。

露丝在那里工作了两年，之后又在洛杉矶的电视台找到了一份工作。又过了5年，她终于成为她梦想已久的电视节目主持人。

同样心怀梦想，可是为什么两个人的命运却截然不同呢？因为莱温一直停留在幻想上，坐等机会，她所有的希望都只是空想，注定一事无成。而露丝则果断采取行动，将理想付诸于实践，最终实现了梦想。

这个世界不缺乏机遇，而是缺少抓住机遇的手。如果你有好的想法就要赶紧付出行动，别害怕失败，人都是在不断地跌倒中学会走路的。

- 后记 AFTERWORD -

俗话说“独木难成林”。很多时候，一件事情的完成单凭一己之力是远远不够的，毕竟个人的知识和能力是有限的，只有借助集体的智慧和力量，群策群力，集思广益，才是最佳的做事方法，本书的完成就经历了这样的一个过程。

本书在写作过程中听取了许多同事的建议，也得到了很多老师和同仁的指点，没有他们的帮助和支持，就不会有这本书的问世。因此，借这个机会向他们表示诚挚的谢意：廖峰、黄文华、常悦、程仕才、刘健、张保文、秦风超、范毅然、李猛、李文静、孙朋涛、汪文娟、何瑞欣、张艳芬、闫瑞娟、欧俊、杨云鹏、梁素娟、焦亮、宋洁心、聂小晴、李彦岐、齐艳杰、周珊、李良婷、魏清素、赵文闻、杨茜彦、姜波、李伟军、于航。

蜜蜂采花酿蜜，不是采一种花的甘液就能酿成蜜的，而是从多种花中采集来的。本书也不例外。我们这本书之所以能开花结果，与广大读者见面，不仅是因为编委会成员们的长久努力、艰辛付出，也是因为在创造过程中，借鉴、博采了诸多作品的精华和智慧。为此，我们向所有这些作品的作者表示感谢，感谢你们为我们提供了更高的创造平台，也感谢你们为广大读者朋友带来了宝贵的精神财富。

另外，由于写作和出版时间仓促，书中不足之处在所难免，为此，诚请广大读者指正，特驰惠意。

把握自我·安顿心灵

心灵瑜伽馆